纵观大数据：
建模、分析及应用

牛　琨◎著

U0291006

北京邮电大学出版社
www.buptpress.com

内容简介

大数据分析是个入门容易但精专颇难的领域。本书以大数据分析为主线，以电信行业应用为背景，以一线操作者为对象，系统阐述了大数据分析的理论、方法和实践。从思维创新开始，依次介绍了大数据挖掘、经营分析和营销策划三个主题。本书聚合了作者多年实战操作的经验，加上执教和内训的总结，辅以真实的案例，对于电信行业的分析师而言是一部较为实用的工具类书籍。

图书在版编目（CIP）数据

纵观大数据：建模、分析及应用 / 牛琨著. —— 北京：北京邮电大学出版社，2017.9
（2018.8重印）

ISBN 978-7-5635-5130-9

Ⅰ.①纵… Ⅱ.①牛… Ⅲ.①数据处理 Ⅳ.①TP274

中国版本图书馆CIP数据核字（2017）第148154号

书　　　　名：纵观大数据：建模、分析及应用	
著作责任者：牛　琨　著	
责 任 编 辑：满志文　穆晓寒	
出 版 发 行：北京邮电大学出版社	
社　　　　址：北京市海淀区西土城路 10 号（邮编：100876）	
发 行 部：电话：010-62282185　传真：010-62283578	
E-mail：publish@bupt.edu.cn	
经　　　销：各地新华书店	
印　　　刷：北京九州迅驰传媒文化有限公司	
开　　　本：720 mm×1 000 mm　1/16	
印　　　张：18.75	
字　　　数：316千字	
版　　　次：2017 年9月第 1 版　2018 年8月第 2 次印刷	

ISBN 978-7-5635-5130-9　　　　　　　　　　　　　定价：48.00元

数据，是比文字出现更早的工具，它帮助人类不断拓展对客观世界的认知，是社会生活中不可缺少的关键要素。身处大数据时代的我们，更加受到数据及其分析模型带来的影响，既有各种生活的便利，情景化的舒爽，也有隐私泄露的不快。为了更好地掌握数据，正确地分析数据，精准地描述规律，我们必须掌握一定的数据分析知识，而本书将是打开这扇门的一把钥匙。

执教十年，经历了从数据挖掘到大数据的云卷云舒，一代代的技术更迭，不变的是对数据知识探索的执着初心。但是，咨询者众，待解惑者也不少，一一解答既无效率又没效果，因此在去年萌生了写本书的想法。与理论型书籍不同，本书的方法论是来自传统理论但充分考虑了实战环境而进行了适配性的修订。希望读者在阅读时要注意，因地制宜，随机应变，重神不重形，切不可机械照搬。

第一章讲创新思维。这是因为数据分析的起点就是头脑，是思考，想做好数据分析，打开头脑是最重要的，没有之一。

第二章至第八章讲数据分析。从数据本身开始，评述了统计分析、数据挖掘和大数据等分析技术，还介绍了由浅入深的三种主要工具软件的使用技巧，非常适合有一定操作经验但亟须进阶的操作者。

第九章至第十六章则聚焦经营分析。经营分析是企业经营最重要的分析工具组合，可能融合了非常复杂的分析技术。本书抽丝剥茧，先从理论高度系统介绍了定性和定量方法，再从主题和专题两个角度来演示经营分析过程，最后通过案例来说明具体步骤。

第十七章至第十九章介绍营销策划。一切公司的目标都是赚钱，不以盈利为目标的组织是公益和公共服务部门。数据分析最核心的价值就体现在对营销策划的强力支撑上。另外，本书重心在于介绍数据分析如何用在营销策划中，而不在于制定营销策略和最终决策。

限于行业服务背景和本人的水平与经验，书中不足之处，恳请读者和专家不吝赐教。

作　者

目录

Big Date
Overview

第一章

思维能力特训

头脑是人类最大的财富。万物之灵能主宰蓝色星球，靠的是地表最强的思维能力。虽然我们每天都运用头脑，但却很少思考其运作机制。我们经常评价某人聪明或是愚钝，而背后的一切都源于对个体头脑的开发和利用程度。大数据分析是头脑使用的高级阶段，为了更好地掌控世界，我们先从思维能力开始讲起。

第一节　大脑如何转弯

在作者的少年时代，"脑筋急转弯"风靡一时，早熟的少男少女借用这一技巧卖弄着自己的智力同时完成搭讪这一社交领域的高难度动作。为了更好地达成不可言传之目的，有好事者干脆去书店买一本脑筋急转弯大全之类的书来背。典型的问题如"冬瓜、黄瓜、西瓜、南瓜都能吃，什么瓜不能吃？"答案是"傻瓜"。

这样的问题可称为弄巧之技，因为这类问题根本无法准确、可复现地衡量一个人的智商水平。公认的智商测试应包括对观察、记忆、想象、创造、分析判断、思维、应变、推理等能力的测量，而与这类脑筋急转弯问题的相关系数趋近于 0。这是因为，几乎所有人都可以通过机械地背诵来应对此类问题，而记忆力只是智商中的一部分；另外，此类问题无法通过严密的逻辑推导来找到答案，越是逻辑能力强的人往往越容易被愚弄。

其实，人类的思维能力分为两大部分，这两大部分缺一不可。一部分是线性思维，又称硬性思维，在这种情况下 1+1 必须等于 2，二进制下的 01+01 必须等于 10，如果不遵循这个原则，则目前计算机系统的基础架构将全部坍塌。线性思维能力强的人非常适合学习理工科，尤其是当程序员。另一部分是非线性思维，又称软性思维，此时 1+1 等于多少呢？我们想等于几都可以，非线性思维能力强的人适合进行艺术类创作，擅长文史艺术类学科，就业方向可以是作家编剧、广告设计师等。

值得庆幸的是，还有这样一些人，同时具备很强的线性思维能力和非线性思维能力，兼具理性思辨和超凡想象力，留下一些震古烁今的历史影响力。亚里士多德是哲学家、科学家和教育家，其著作构建了西方哲学的第一个广泛系统，包含道德、美学、逻辑和科学、政治和玄学，绝对的百科全书式的超级牛人。张衡以发明浑天仪闻名于世，头衔有天文学家、数学家、发明家、地理学家、文学家，与司马相如、扬雄、班固并称"汉赋四大家"，这个跨界范围不小，让后人无法模仿和超越。还有机械妖孽达·芬奇，作为画家、天文学家、发明家、建筑师、擅长雕刻、音乐、发明、建筑，通晓数学、生理、物理、天文、地质，具有超越当时科技 30～50 年的技术实力。

看到这里，如果有人提出，每个普通人都能通过一定的训练加强自己并不擅长的另一方面的思维能力，从而获得更大的成就，肯定是一碗非常给力的心灵鸡汤。趁着鸡汤还没凉，接下来，我们需要一把巨大的智慧之匙。

第二节　智慧之匙

这把智慧的钥匙，其实就掌握在我们自己手里，它的名字叫作创新思维。这个所谓的创新思维，是真的可以训练出来的吗？

先看三个小例子。

① Take one from nine，you can get ten，Why?（九中去一得十，为何？）

② What is One-half of thirteen?（十三的一半是多少？）

③下式不是一个有效的数学表达式：2+7-118=129。请在上式中加一条直线，使之成为一个有效的数学表达式。

第一个问题，在作者十几年的内训生涯几千个学员中，只有一位立刻、准确地答出了正确答案，作者的感受是此人确实天赋异禀。那我们这些貌似没什么天赋的普通人如何是好？

解：

第一步，已知 9-1=8，9+1=10，即按照某种逻辑关系，正负号反转。最常用的阿拉伯数字、汉字、英语，一一否决……（严密的逻辑推导）

第二步，有什么语言的数字编码方式具有反转正负号的逻辑呢？（这一步至关重要）

第三步，这题应该考的是常用的，而非小语种或罕见的数字编码模式。（限定条件）

第四步，除了阿拉伯数字，就属罗马数字在西方最常用（这可是一道英语题），早期的钟表和当代的很多高档手表仍然沿用。而罗马数字中的"左减右加"恰好就实现了反转正负号！（没有文科知识行吗？）

第五步，9在罗马数字中表示为IX，本身就是10-1的意思，那么把X（表示 10）左边的 I（表示 1）去掉，恰好得到了 X（10），而这里面的 take from（去）词组不是指代 minus（减），实际说的是 remove（移）。

上述解答过程告诉我们，严密的逻辑推导，在解决大部分问题的时候是有效的。

第二个问题答上来的学员较多，"6.5""1""3""thir""teen"等都是正确答案。这个问题表明，发散性思维也是解决某些问题的利器。

第三个问题难住了很多人，尤其是笃信逻辑推导的那些人，他们试图通过小时候擅长的速算 24 经验来套用，这样会很自然地陷入思维的陷阱。答案很简单，一根小小的斜线，把"="变为"≠"即可，思维的关键点在于"有效的数学表达式"可不一定都是"等式"。

通过三个小例子，我们知道严密的逻辑推导、发散性思维和突破性思维都能有效地解决问题，这正是人类创新思维的起点。而且幸运的是，它可以被训练出来。

第三节　人人皆可创新

提出人类需求层次理论的著名心理学家马斯洛认为，创造性分为"特殊才能的创造性（Special Talent Creativity）"和"自我实现的创造性（Self-actualizing Creativity）"。

爱迪生名垂科学史，靠的是"特殊才能的创造性"，也就是天才的创新能力。我们从小就知道，他发明的"电灯"是经过上千次材料实验测试出来的。问题是，爱迪生是否具备把这么多种材料加工成灯丝的动手能力。

显然，背后另有高人，那就是爱迪生的团队，他们就是不那么有名的美国技工约翰·沃特、英国车工巴契拉、瑞士钟表匠巴格曼等人，这些人是爱迪生两千多项发明、一千多项专利的坚实基础。这些伟大的工匠，面对人类历史上前所未有的新挑战，发挥了强大的创新能力，这就是"自我实现的创造性"，用实践证明了"人人皆可创新"。

第四节　阻碍创新的因素

既然人人都可以创新，那么为什么创新大师们如此卓越而大多数人却显得缺乏创新能力？这是因为，我们生活中存在很多阻碍创新的因素。

创新的第一个枷锁是"思维标准化"。

思维标准化的第一种表现是"功能固着"，即严格遵守对象与功能函数的对应关系。在第二次世界大战的北非战场上，由于技术兵器的严重缺乏，面对英军装甲部队的进攻，德军缺乏有效的反坦克武器，为此，德军充分发挥了创新能力，使用 88 mm 高射炮当作反坦克炮使用，竟然收到奇效，高倍径比带来的高初速度使其穿甲能力异常突出。如果当时德军指挥官存在功能固着的思考习惯，那么他将更早、更彻底地失败。

思维标准化的第二种表现是"权威迷信"，即相信某种来自权威的信息或论断。如果我们过于迷信某个权威而丝毫不敢提出挑战和怀疑，那么创新也就无从提起了。费尔巴哈对柏拉图、哥白尼对托勒密、爱因斯坦对牛顿的超越必然基于对权威迷信的彻底突破，这是人类不断创新发展科技的重要基础。

思维标准化的第三种表现是"思维惰性"，即认为存在的就一定是合理的。成语萧规曹随讲的是汉初丞相萧何死后，继任丞相曹参沿用萧何所颁法令而不做修改的故事。曹参当时跟自己的儿子解释说，既然萧何的办法很好，那我们为什么要改呢？

然而，其实我们要不断追问的是，有没有更好的办法？为什么不能"想出不同的办法"？这是因为，平时所做的事大都不需要额外的创造力，我们早已建立一套指导我们应付各种日常状况的规则。就大多数的活动而言，这些规则是不可或缺的。缺少了规则，我们的生活就要陷入一片混乱，而且我们也不会有什么成就。因此，遵循既定规则使我们不假思索就可以做很多事。如果每天都要思考上下班是否还有新的路线可走、每次出门是先迈左腿还是右腿、为什么星期日后面是星期一等问题，估计没等创新成功，人已经疯了。

在现实中，思维惰性又表现为"路径依赖"。世界上虽然也有 1 676 mm 的宽轨铁路和 1 067 mm 的窄轨铁路，但标准轨距则是统一的 1 435 mm。1 435 mm 是一个看起来很奇怪的数字，最早是发明火车的英国人设计的。原来，英国的铁路是由建电车轨道的人设计的，而这个四英尺八英寸半正是电车所用的标准。最先造电车的人以前是造马车的，而他们是用马车的轮宽做标准。马车的轮距标准来源于古罗马战车的宽度，如果造出了非标准轮距的马车，则不能按照道路上的车辙来行驶，由于缺乏现代橡胶轮胎和弹簧减震技术，马车必然很快散架。古罗马战车是两匹马并排牵引的，如果两匹马离得太远，受力方向偏离，则跑不快；如果太近，则会剐蹭在一起也跑不快，所以就有了一个合适的宽度，即两匹普通马屁股之间的宽度。于是，我们所乘坐的高科技铁路的规矩，竟然是古代战车的马屁股所决定的。

创新的第二个枷锁是"知识无活力化"。

知识无活力化的第一种表现是"见树不见林",即目光局限而看不到整体。例如,增值业务的主管从本位主义出发,想把业务放在套餐中销售以多分摊收入,只看到增值业务收入增长却看不到语音和流量收入因分摊因素而流失。这种问题是对知识体系掌握不够系统和完整、没有形成知识网络造成的。对知识的学习,有点、线和网三个层次,孤立的知识点不如完整的知识链条,知识链条不如完善的知识网络。互联网使得单个知识点的获取更加便捷,但个人知识网络的构建仍然是创新的重要基础。

知识无活力化的第二种表现是"学不致用",即机械地学习无法灵活运用。很多学生上课时听得很明白,例题弄懂了,回去做习题就不会,或者到了考试的时候,题目的参数、题干信息的顺序稍微一调整就抓瞎了。其主要原因是不能有效贯穿自己的思维,把知识读懂、读透、读活,变成自己的东西。春晚小品《卖拐》,其实说的就是学不致用的可笑之处:"树上骑个猴"被忽悠一次,"树上七个猴"又被忽悠一次,那轮到"树上骑七个猴"的时候为什么不能反应过来呢?

第五节　创新的习惯

说了这么多创新的枷锁,仅仅提出问题不行,还要解决问题,即如何培养创新能力,这就是创新的习惯。

创新的习惯首先是"寻找第二个答案"。很多时候,我们有一个自然而然的标准答案,这是思维标准化的结果,而更有创造力的方法之一是寻找"第二个正确答案"。虽然这第二个正确答案通常不合常规,但往往正是我们要解决问题的创新方法。

有一种简单的方法可用来寻找第二个正确答案,就是改变我们问问题的态度。例如卖早餐的人如果问"加鸡蛋不?",购买者面临的选择是加或不加。如果换成"加一个鸡蛋还是两个鸡蛋?",默认的选择就是至少加一个鸡蛋,因为问题并不是"加一个鸡蛋、加两个鸡蛋还是不加鸡蛋？"，这样，重要的增值业务——鸡蛋的销量将上升，渗透率增加，利润自然也水涨船高。

另一种简单的方法是自问，还可以是什么？王老吉凉茶早先的定位是好喝的凉茶，与其他的凉茶竞争凉茶市场的份额，仅限于沿海地区，影响极其有限。后来策划者改变了角度，得到了新的结论，那就是王老吉还可以是预防上火的饮料，这样竞争对手就变成了所有的饮料，包括碳酸类、果汁类、维生素类、保健品类甚至是矿泉水类产品，自然打开了销路。核心是他们成功地灌输给消费者：王老吉除了是凉茶，还是预防上火的饮料。

创新的习惯其次是"软性思考与硬性思考相结合"。硬性思考即传统逻辑，讲究"无矛盾法则"，即在逻辑中，无矛盾律把断言命题 Q 和它的否定命题 Q 非二者同时在"同一方面"为真的任何命题 P 断定为假。用亚里士多德的话说，"你不能同时声称某事物在同一方面既是又不是"。这种逻辑的局限性在于只能了解本质一致且无矛盾的事物，非黑即白，遇到灰色区域就会造成混淆。软性思考则不受无矛盾律的限制，可以给人以更多的思维自由度和更广的策略悬在空间，能激发人们的主观能动性和创造意识。

从第二节的第一个例子中可以明显地看出两者结合的威力。以硬性思考为基础，不断逼近硬性思考的极限，直到硬性思考陷入僵局；然后动用软性思考武器，找准多个方向，大胆突破，自然会找到答案，其中第一步和第三步是硬性思考，第二步、第四步和第五步则是软性思考。

第六节　小测试：学到了多少？

到这里，不管学到了多少，我们做几个小测试，看一下创新思维的学习效果如何。

第一个问题：如图 1-1 所示的一个五边形，添加一条直线，使之切割成两个三角形，如何做到？

这是一道小学的奥数题，答案很简单，如图 1-2 所示。

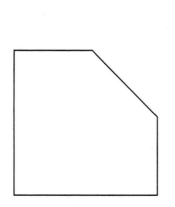

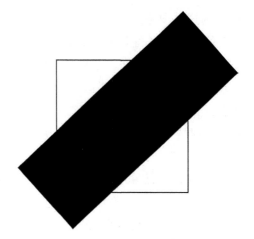

图 1-1　待分割的五边形　　　　　　　图 1-2　直线的分割

问题是，我们如何用刚刚提到的创新思维方法来解决？如果能看懂并且充分理解下面的解答过程，则说明我们已经掌握了一定的创新思维能力。

解：

第一步，我们应用硬性思维，五边形的内角和是多少？很简单的数学，是540°。两个三角形的内角和是 360°，那么一条直线会改变内角和吗？显然不能。至此，硬性思维的边界已经求出。

第二步，还是应用硬性思维，我们回到题目中去，只有一个因素了，那就是"直线"，直线的特征是没有长度，两边无限延伸，而且理论上直线没有宽度，仍然是死胡同。

第三步，我们只能从软性思维着手了！五边形已经被图所限定，肯定不能动；直线的定义也很清楚，是否截断变成射线或线段也没意义；那么我们只有一个可以突破的了，那就是直线的宽度。

第四步，即使我们把直线变宽，也涉及一个如何放置的问题，核心是要解决 180° 的内角和问题（注意，这里的 180° 也是硬性思考），这个五边形的内角和从四边形的 360° 增加到 540° 的关键是右上角的两个大钝角。因此，思路就是把这两个钝角变成锐角。

于是，问题解决了。

第二个问题：某医院派出一支由 8 人组成的救护分队分乘两辆小汽车，要求 1 小时内从医院到达重灾区。在行驶了 18 分钟后，其中一辆小汽车在距离重灾区 15 公里的地方出现故障。这时要继续前行，唯一可以利用的交通工具只剩下另外一辆小汽车。已知小汽车连司机在内限乘 5 人，这辆小汽车的平均速度为 60 公里 / 时。如果这 8 人步行速度为 5 公里 / 时，那么这 8 人能否在规定时间内按要求赶到重灾区？如果能，请计算出他们从故障地到重灾区所用的最短时间。如果不能，请说明理由。

本题是初一的奥数题，难倒不少人。但是，此题的关键并不在于列方程等计算能力和画示意图的动手能力，而在于思维创新能力。

解 1：我们自然地想到，让车送 4 人过去，然后回来再接 4 人。

此时，小车行驶的距离是 15 公里 ×3=45 公里，时速 60 公里的小车需要行驶 45 分钟，此时只剩下 42 分钟，无法完成任务。

这时候部分聪明人站出来说，笨蛋，后面 4 个人就傻站着啊，往前走啊！

解 2：当前的策略是，让车送 4 人过去，然后回来再接 4 人，这 4 人不要等着，要步行前进，直到遇到小车。

此时，小车行驶的距离是 15×3-5×0.25×2=42.5 公里，需要 42.5 分钟，仍然无法完成任务。

到了这里，大多数人已经沉默了。我们解 2 策略相对解 1 策略的突破在于，人可以一直走以节约车运行的时间，这不就是突破思维标准化的实例吗？而我们所用的方法，就是寻找第二个答案。于是，我们还可以更进一步，既然有两组人，就要充分发挥人步行对车的补充作用，第一组人到达终点以后是静止的状态，这是一种浪费。

解 3：最聪明的人想到，让车送 4 人（A 组）过去，但不送到终点，A 组下车步行，小车返回再接 4 人（B 组），B 组一直步行前进，直到遇到小车，最终 A、B 组同时到达目的地。

此时，仅需要 37 分钟（解方程过程略），可以完成任务。

第三个问题：这个问题是《经济学人》杂志一篇文章中提出的"海盗分金"。

5 个海盗抢得 100 枚金币，他们按抽签的顺序依次提方案：首先由 1 号提出分配方案，然后 5 人表决，达到半数同意方案才被通过，否则他将被扔入大海喂鲨鱼，以此类推。

假设前提：假定"每个海盗都是绝顶聪明且很理智"并且"乐于见到同伴被扔进海里"。

问题："第一个海盗提出怎样的分配方案才能够使自己的收益最大化？"

在每次内训中，这个游戏学员们都做得很开心，原因是大家都会犯各种错误，通常不能充分满足假设中所说的绝顶聪明、理智、乐于同伴被扔进海里三个思维条件。而且，所有扮演第一个海盗的第一组学员都毫无悬念地被同伴扔进海里。通常，轮到扮演第四个海盗的第四组学员，游戏一定会结束，因为这时决策模型已经简化到1+1=2了。

说到这里，聪明的读者已经知道我们将采用基于逆向思维的数学归纳法了，从第五个海盗开始分析。

解：假设海盗编号为 P1 至 P5。

当只有 P4 和 P5 的时候，P4 提出（100，0），P5 必然一无所获；

P3 提出（99，0，1），P5 更优，必然支持 P3；

P2 提出（99，0，1，0），由于 P4 不想落空，会支持 P2；

P1 提出（98，0，1，0，1），只要让 P5、P3 相对改善，都会直接支持 P1。

很简单是不是？如果是 10 个海盗分 100 枚金币怎么办？聪明的读者会轻松地给出（96，0，1，0，1，0，1，0，1，0）这个答案。

那 200 个海盗分 100 枚金币，第一个海盗又将如何？201，202，203……当金币不够分的时候，是不是这些海盗都必死无疑呢？

解：

首先假设海盗为 P1 至 P200，P1 为了活命，只能提出（1，0，1，0，1，0，…，1，0），支持他的是奇数海盗。

如果是 201 个海盗，P1 没办法，只能把自己的金币贡献了，提出（0，1，0，1，0，1，0，…，1，0），支持他的是偶数海盗，仍然可以活命！

如果是 202 个海盗，P1 必须考虑 P2 的决策，P2 必然一无所获，P1 只能把这 100 个金币全部贿赂给其他 100 个海盗，而这 100 个海盗必须是在 P2 做决策（此时是 201 个海盗）时什么也得不到的海盗，也就是 P2 加上刚才那 100 个海盗，这就有 101 种选择。

如果是 203 个海盗，很可怜，由于金币不够贿赂，至少有 102 个人会反对

P1，必然喂鲨鱼，能活下来的第一个海盗是编号为 $200+2^N$ 的，其他超过 200 的第一个海盗只能自己跳海。

创新源于思维的训练和提升，人人皆可创新，如果在工作、生活、学习中遇到思维上的困难，就翻翻第一章的理论和实例，再找一个安静舒适的场所，带上纸笔（不要电脑、手机尤其是互联网），完成思维的体操，找到问题的答案吧！

第二章

数据分析导论

巧妇难为无米之炊，数据分析的基础和出发点自然是数据，学习数据分析就必须从数据开始讲起。我们每天都与各种数据打交道，既可能是结构化的身份证号或非结构化的短音频，也可能是加密的银行密码或非加密的页面访问记录，从生老病死到衣食住行，几乎一切都能以数据的形式体现，映射着这个客观世界。所谓的各种数学建模，无非就是通过数据来具象规律。

第一节　数据分析：从狭义到广义

什么是数据？数据就是数值，也就是我们通过观察、实验或计算得出的客观结果。数据有多种表现形式，最简单的就是数字。此外，数据也可以是文字、图像、声音等。数据主要用于科学研究、设计、查证等。如同计算机的"计算"并不仅仅限于数值计算，各种处理操作也是计算一样，数据不仅指代数值，还是一种"对象特征的观测或测量结果"。

什么是数据分析？有一种说法很流行，即数据分析是指用适当的统计分析方法对收集来的大量数据进行分析，提取有用信息和形成结论而对数据加以详细研究和概括总结的过程。数据分析的数学基础在 20 世纪早期就已确立，但直到计算机的出现才使得海量数据的计算实践成为现实，并使得数据分析技术大为推广。可以说，现代的数据分析技术是数学与计算机科学相结合的产物。

这种定义属于狭义的数据分析，在作者看来，所有关于数据的处理、分析和建模过程都应该算作数据分析的范畴，即广义的数据分析。数据分析，是指综合应用数据抽取、转换、加载、预处理、统计、建模等多种方法，从数据中提取有价值的知识而对数据加以深入研究的过程。

数据分析的主体是分析员、分析师或数据科学家，工具就是各种方法，而客体是数据。

第二节　数据的层次

数据可以用很多方法分类，例如是否结构化、是否加密、是文本还是数值等，这里我们从数据的本质属性出发，对数据进行分层。

第一层是报表级，又称统计级，往往以图表的形式展现。我们在移动互联网上看到的绝大多数所谓的"大数据分析"都是用这一层次的数据来表现的。事实上，从宏观角度分析事物，必然都存在一个自底向上的归纳过程，其结果就是报表级数据，例如 GDP（人均 GDP）、股票指数、人均可支配收入、上市公司财务报表、运营商经营分析报表等。

第二层是账单级，又称客户级，往往是一张巨大的数据表，首先每个客户或者研究对象作为一个实例（instance 或者 case）按某种顺序作为单独的一个横行，每个属性（attribute 或 variable）作为一个竖列，交叉点即为某实例在某属性上的观测值。一般地，由于数据的规模越来越大，账单级数据难以直接展示，往往通过一些报表级数据来描述其特征。即使如此，随着数据分析技术的进步尤其是数据仓库和 OLAP 的发展，对单个客户使用行为的洞察需求无法用报表级数据来满足，自然产生了对账单级数据分析的思路、方法和路线。典型的账单级数据包括购物汇总单据、客户缴费账单、CRM 信息表等。

第三层是记录级，又称详单级，一般是最为琐碎的交易记录或日志消息。这些数据仅仅存在于生产运营系统中，每当我们拨打一个电话、发送一条短信、用手机刷朋友圈扫二维码，不论这种行为是否成功或被计费，运营商的系统里都有非常翔实的记录。这些记录一方面记述网络上发生了什么，用于监控网络状态以保持其正常运行；另一方面也是为了生成账单，公平、公正、透明地进行计费。理论上，运营商可以提供给用户系统中的原始详单，但这对生产、镜像或中转数据库都是个巨大的考验：大量并发的访问足以形成一次灾难性的拒绝服务攻击。国际运营商一般不提供这项服务，但由于中国人的平均智商太高，所以中国移动、中国联通和中国电信都开始提供在线的详单查询服务。对运营商来说，唯一的好处是提供了翔实的证据，减少了用户投诉的数量。

这些海量的详单除了监控网络、生成账单之外，还有什么用处吗？设想这样一个场景：某运营商欲策划一种亲情号码套餐，必须测算目标客户的亲情号码话务集中度，即任意用户最频繁的 5 个联系人的通话占总通话的比例。这通过报表级和账单级数据是不可能得出结论的。依此类推，时段优惠、假日优惠、国际长途和国际漫游的定向优惠这些方案，都需要通过详单来分类汇总才能完成分类汇总，进而计算出单个用户的业务适配性。

通过这三个层面数据的定义，我们知道，所有的数据都归结为报表级、账单级和记录级。从分析的难度而言，记录级远高于账单级，而账单级又远高于报表级。在现实生活中，大家最常接触的是报表级，账单和记录级较为罕见，尤其对于经营管理决策者而言，报表级数据一定是最重要的。但是，如果想深入彻底地挖掘出有用的知识，就必须不断拓展数据分析能力，报表级解决不了的问题，试试账单级，账单级也解决不了的，就用记录级，这既是痛苦求索、螺旋式上升的过程，也是一个资深数据科学家成长的必由之路。

我们把数据分为三个层次，接下来就要对数据分析的方法也进行严密的分类，这就是数据分析方法的三个层次：数据层、统计层和模型层。

第三节　初级的数据层

数据分析方法有若恒河沙数，但本质上却位于不同的层次。注意，这里的层次并非比较好坏，因为适用性对数据分析的实际应用而言，比精确性和技术先进性更为重要。

第一个层次是数据层，也是最基础的层次。

由于本书将数据分析定义为广义范畴，因此位于数据层的分析方法主要是 ETL 方法，即数据的抽取、转换和加载方法，最典型的是分类汇总。经典的数据挖掘模型是无法直接处理记录级数据的，只能对账单级数据进行建模。分类汇总就是将记录级数据转化为账单级数据的过程。

例如，某人一个计费周期内拨打 30 次电话，由于这 30 次电话的拨打记录位于详单的多个位置，计费系统必须按照他的客户 ID 对属于该 ID 的所有 30 次电话的费用进行加和，求出拨打电话这个业务的周期内总费用。不仅语音业务如此，短信和流量费用也是这样求出来的，正所谓冤有头债有主。

需要指出的是，分类汇总并非仅仅是求和，还可以针对主 ID 进行求平均、众数、最大、最小、第一个、最后一个、频次等值，这些过程也属于分类汇总。

公元前 206 年十月，刘邦率楚军开进咸阳城。将士们见秦都宫殿巍峨，街市繁华，顿时忘乎所以，纷纷乘乱抢掠金银财物。唯独萧何，进入咸阳后，一不贪恋金银财物，二不迷恋美女，却急忙赶往秦丞相御史府，并派士兵迅速包围丞相御史府，不准任何人出入。然后让忠实可靠的人将秦朝有关国家户籍、地形、法令等图书档案一一进行清查，分门别类，登记造册，统统收藏起来，留待日后查用。对此，全军上下无不佩服，刘邦在惭愧之余，说："萧何确是异才，不枉我提拔他一场。"

萧何收藏的这些秦朝的律令图书档案，使汉朝对天下的关塞险要、户口多寡、强弱形势、风俗民情等了如指掌，为制定正确的方针政策和律令制度找到了可靠的根据，对日后西汉政权的建立和巩固，起到了巨大的作用，功不可没。

这就是数据的作用，萧何和他团队做的事情，其实就是分类汇总。

分类汇总的方法，最早是人工方式，通常组织一大批知识分子来做，例如《永乐大典》《四库全书》的编纂；后来是索引方式，类似于计算机出现以前，图书馆的卡片式书籍管理；然后是早期的数据库模式，其主要特点是实现了结构存储和搜索；当然现在最新的技术是大数据，也就是 Hadoop 带来的 Map-Reduce 框架，以及更快速的 Spark 工具。

从这个角度来说，无论是 Hadoop 还是 Spark，它们尽管技术上非常先进，从业务层次或者说数据分析的层次而言，仍然离应用层面甚远，是一种"层次较低"的数据分析基础工具，完成的是分类汇总功能。过度夸大捧大数据工具的功能，其实是没有真正搞清楚数据分析方法层次的体现。

第四节　中级的统计层

分类汇总之后，接下来往往是探索性分析，在很多情况下，如果不需要进一步进行数据挖掘模型的构造或者定制算法的研究，使用统计层的数据分析方法就可以完成任务。

统计层的数据分析方法并不能等同为统计分析模型。我国历史上有一位亚里士多德式的全才，其主要成就就是在统计层数据分析方法的研究上。

在数学方面，他写了《缀术》一书，作为唐代国子监算学课本。《隋书·律历志》留下的关于圆周率（π）的记载，他算出 π 的真值在 3.141 592 6 和 3.141 592 7 之间，精确到第 7 位小数，成为当时世界上最先进的成就，领先世界几百年。在天文历法方面，他创制了《大明历》，最早将岁差引进历法；采用了 391 年加 144 个闰月的新闰周；首次精密测出交点月日数（27.212 23）、回归年日数（365.242 8）等数据，还发明了用圭表测量冬至前后若干天的正午太阳影长以定冬至时刻的方法。在机械学方面，他设计制造过水碓磨、铜制机件传动的指南车、千里船、定时器等。此外，他在音律、文学、考据方面也很有造诣，他精通音律，擅长下棋，还写有小说《述异记》。他就是祖冲之。

统计层的数据分析方法，主要是针对客观世界的数据，通过归纳学习和统计方法，以非数据挖掘的方式得出规律。勾股定理、求圆周率的割圆术、用于风水和盗墓的三角测量法、《九章算术》里的方程等，其实都是统计层的数据分析方法，它们回答客观世界的一些规律，主要靠代数、几何和统计得出。

第五节　高级的模型层

模型层方法对应相对复杂的模型，以 1989 年"知识发现"（KDD）概念的提出为标志。一般而言，模型层的分析方法分为标准数据挖掘算法和定制算法两大类。标准的数据挖掘算法包括聚类、分类、关联规则、神经网络、支持向量机等，而定制算法往往针对记录级数据进行分析，甚至要综合运用现有的数据层、统计层和模型层的分析技术。

既然数据分为报表、账单和记录三级，数据分析方法分为数据、统计和模型三层，这些层级之间的关系是怎样的？我们知道，客观世界存在数据、信息和知识，其中信息是数据的外在规律，而知识是数据的内在规律。对数据的整理，要依靠数据层方法，对象是记录级；从数据到信息，通过统计层方法，对象是账单级；最后从信息到知识，就需要模型层方法，对象仍然是账单级，因为报表级数据基本上无法挖掘出有价值的知识。

例如，气象指标是数据（气温、湿度、风向和风力等），天气状况是信息（东风、有雨），而第二天的天气预测，则是要通过知识发现来实现的，必须构建模型，通过学习历史数据所蕴含的规律，有效推测未来的情况。

准确的预测甚至可以精确到局部区域和较窄的时间窗口，这主要得益于超级计算机的计算能力快速增长，使很多极为复杂的气象学模型得以成功构建并实时更新。

第三章

统计分析：可敬的老前辈

　　一辆火车行驶在草原上，遇到一群白色的羊……物理学家说："我们看到的羊群是白色的。"数学家说："我们看到的羊群朝向我们这面的那部分是白色的。"统计学家则说："我们看到了 100 只羊，它们都是白色的，我推断天下的羊都是白色的。"作为数学分析方法的基础，系统性地掌握统计分析方法才能更好地理解数据挖掘。

第一节　从统计分析到数据挖掘

　　这里有三个关于统计分析的问题，可以更好地理解统计分析的内涵。

　　问题一：根据交通管理部门统计结果显示，多数车祸发生在当汽车行驶于普通车速的时候，只有少数车祸发生在车速超过 150 km/h 的时候，这是否表示开快车比较安全呢？

　　问题二：统计显示在亚利桑那州有较多的人死于肺结核，这是否表示和别的地区比较起来，亚利桑那州的天气比较容易感染肺结核呢？

　　问题三：有个调查研究显示，身高较高的儿童拼写能力也较强，这是否意味着从一个人身高的高矮，可以测量出他的拼写能力？

初看到这三个问题，大多数的人第一反应是太荒谬了，但是请大家注意，案例中的结论都有数据和统计学模型支撑，并非空穴来风，这样的统计分析我们每天都在做，也号称是"用数据说话"，难道数据也会说谎？

先看问题一，"比较安全"的概念是一个比例概念，即同样次数的行为下所产生不安全情况的占比，占比越低则越安全。因此要衡量安全，首先就要比较开快车和正常行驶两种情况下的车祸"占比"而不是车祸的"绝对次数"。开快车的情况本身就很少，车祸的绝对数量较低，但其产生车祸的可能性远远高于普通车速。这个案例告诉我们，绝对量要看，相对量也要看。

再看问题二，"死于肺结核"和"比较容易感染肺结核"之间是否有某种联系？我们显然知道，三甲医院收治的高危病人要远多于社区医院，那么很多垂危病人在三甲医院去世，是不是因为三甲医院医疗条件和医术不好所以去世的人数较多呢？以此类推，正由于亚利桑那州的气候非常有助于肺结核病人休养和康复，众多患者蜂拥而至，提高了该州死于肺结核的比例。这个案例说明，因果关系是统计分析的推理基础。

在问题三中，在身高方面儿童和成人具有明显不同的特征。成年人身高基本稳定，而儿童处于生长发育中，身高一直在增长，两者从关键属性的分布规律上并不一致。身高较高的儿童往往年龄也较大，智力水平的提升自然反映在拼写能力的进步上。但是成人的身高稳定，智力水平也相对稳定，身高与智力并无很强的相关关系。这个案例表明的是，应用统计分析模型是有适用性条件的。

从案例中我们了解到统计分析既简单又复杂。简单是因为常见模型都有较为成熟的数学表达式，如均值、方差、极值等；复杂是因为哪怕一个简单的模型，也有非常严谨的适用条件和正确的方法论作为支撑才能得出准确结论。

这里有一个需要厘清的常见概念：统计分析与数据挖掘的关系是怎样的？

统计学家一般认为数据挖掘脱胎于统计分析，而数据挖掘研究者认为两者没有非常强烈的联系，毕竟数据挖掘模型的复杂程度和方法论与统计分析截然不同。其实这两种观点都有一定的道理。有了统计分析作为基础，数据挖掘的各种技术才能够充分发展，很多的数据挖掘模型（如聚类、分类、关联规则等）从原理来说，正是以统计学原理作为基础。数据挖掘模型不能独立于统计分析方法，毕竟数据的预处理过程、ETL 过程都需要统计学方法和工具作为关键支撑，统计学知识薄弱的数据挖掘高手是不存在的。但是，不能说数据挖掘是统计分析的高级阶段，或者说是统计分析衍生了数据挖掘。这是因为，统计分析是数据分析的初级阶段，而数据挖掘是数据分析的高级阶段，两者都是数据分析的工具，彼此没有严格的从属和依赖关系。

第二节　统计分析的辉煌时代

统计分析历史悠久，从人类开始有意识地收集、整理和分析数据开始，统计分析就应运而生。春秋时期的著名政治家管仲就提出了士、农、工、商的分类统计思想，并沿用至今演化为国家机器（公务员、军警、公立事业单位）、第一产业（农业）、第二产业（工业）、第三产业（商业、服务业）。孙武、范蠡、李悝等分别使用统计学思想和方法开创了不世功业。经过秦汉的发展，《周髀算经》和《九章算术》为统计分析的大发展奠定了数学基础。司马迁创造了统计表，使得《史记》记述精当。无论是唐代的强度分析计算，宋代频次分析、平衡分析的初创，元代的统计分组，都不断加深了统治阶层对基层情况的认识和把握。到了明代，张居正又通过统计分析找出了税制弊端，推行新法，延续了帝国的国运。清代林则徐正是进行了充分的统计分析后，得出"是使数十年后，中原几无可御敌之兵，切勿充饷可以之银"的结论，进而有了虎门销烟的壮举。

到了近现代，无论是农业的结构调整、工业的销路分析、商业的市场调查和商情预测，还是军事上的情报分析，统计分析在各行各业开始大放异彩。

1948 年 10 月，东北野战军与廖耀湘集团在辽西相遇。一天深夜，值班参谋正在读着某师上报的战报，说他们下面的部队碰到了一个不大的遭遇战，歼敌部分，其余逃走。与其他之前所读的战报看上去并无明显异样，林彪突然叫了一声"停"，并问了三句话（其实也是三个统计指标）：

"为什么那里缴获的短枪与长枪的比例比其他战斗高？"

"为什么那里缴获和击毁的小车与大车的比例比其他战斗高？"

"为什么在那里俘虏和击毙的军官与士兵的比例比其他战斗高？"

不等其他人思索，林彪直接指着地图上的那个点说："我猜想，不，我断定：敌人的指挥所就在这里！"最终，东北野战军成功歼灭敌总指挥部，活捉廖耀湘，迅速瓦解敌军抵抗意志，获得大胜。

随着计算机运算能力的提高和数据库的出现，一直到数据挖掘出现之前，统计分析迎来了最辉煌的时代，其代表性是涌现了 SAS、SPSS 等一系列著名的商用统计分析软件。此时统计分析主要的应用方向是商业智能 BI，帮助决策者进行深入的分析，从而实现科学决策，在市场竞争中占据有利地位。如果应用在行政管理过程中，甚至可以挽救许多人的生命。

在统计分析中，时间序列模型是曝光度很高的一种分析工具。时间序列的构成包括四个部分：线性趋势（Trend）、循环变化（Cyclic）、季节变化（Season）和不规则变化（Error）。

1. 长期趋势（Trend）

长期趋势是指一种长期的变化趋势。它采取一种全局的视角，不考虑序列局部的波动；趋势是不可逆的，如一条倾斜的向上或向下的曲线。例如，中国的 GDP 呈现一种上升的长期趋势。

2. 循环变化（Cyclic）

循环变化是指一种较长时间的周期变化。一般来说，循环的周期为数年。在循环变化过程中，一般会出现波峰和波谷，呈现一种循环往复的现象。例如，资本主义的经济危机存在循环变化的特征，国家的货币政策也经常处于宽松和紧缩的经济周期循环中。

3. 季节变化（Season）

季节变化反映一种短期的周期性变化。和循环变化不同，季节变化的周期一般在一年中完成。虽然称作"季节"，但是周期并不一定是季度，也可以是月、周等其他能在一年内完成的周期。因为大多数的周期都以季节的形式出现，所以称作季节变化。例如，每年的春节期间，政企客户业务量都会大降，劳务输出省业务量大增而劳务输入省业务量大降。冷饮的销售情况也存在明显的季节变化特征，在炎热的夏季销量总是最高，而在寒冷的冬季则销量最低。

4. 不规则变化（Error）

不规则变化是指时间序列中无法预计的部分。不规则变化来自序列的随机波动，多由突发事件引起，完全无法预测，可以理解为高斯白噪声。重大的偶然事件如地震、海啸、恐怖袭击、突发丑闻等。

相关性分析模型则是另一个著名的常用分析工具。我们一起来做个小测试：图 3-1 中的八种情况分别对应的皮尔逊相关系数是多少呢？

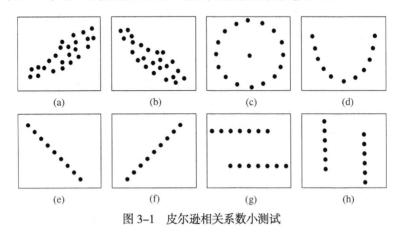

图 3-1　皮尔逊相关系数小测试

众所周知，相关系数的取值范围是 0 和 1 之间。图 3-1（a）和（b）显示的是正相关和负相关，X 和 Y 两个变量分别具有同向和异向的发展趋势。图 3-1（c）的相关系数是 0，这是因为在其中一个变量变化的时候，另外一个变量呈现了两种截然相反的趋势，简单来说就是，对称的图形一般相关系数为 0。同理，在图 3-1（d）中，当变量 X 从 0 开始单调增加的时候，Y 呈现两种不同的趋势，因此相关系数为 0。图 3-1（e）和（f）的相关系数为 1，这是因为 X 和 Y 已经呈现出完全的线性关系。图 3-1（g）和（h）虽然并不是对称图形，但由于其中一个变量变化的时候另一个变量无动于衷，所以相关系数也是 0。

第三节　统计分析的无可奈何

统计分析尽管曾经大放异彩，仍然遇到了无法解决的困难，不可避免地经历了一段长达二十年的低潮期。

首先是对复杂规律的把握不够到位，或者说不够精确。统计分析可以通过抽样来探测大样本量的统计信息，如人口普查可以得到总数和性别、年龄、民族、地域的分布，但无法预知分布的内在规律。例如，婚恋模式的变化是如何影响人口出生率的？统计分析可以计算出任意两种商品的销量曲线，得出互补品、竞争品或是不相干的结论，但无法从海量商品品类中找出最合适的销售组合。

其次是遇到了来自数据挖掘的强劲挑战，并迅速被抢走风头。在 1989 年的人工智能大会上，Knowledge Discovery in Database（KDD）这一概念被提出，KDD 即数据库中的知识发现，简称知识发现。这里面的知识代表着对复杂规律、规则或模式的概念性描述，发现的过程即数据挖掘（Data Mining），后来人们普遍用数据挖掘来替代知识发现这个拗口的术语。

聚类迅速地应用在市场细分过程中，传统的基于统计的刚性划分相对聚类的柔性划分，虽然更方便易行但相对简单粗暴，精确性远不如聚类。关联规则模型的货篮分析则开创了经典的商品组合优化理论，"套餐"风潮席卷整个商业界。至于最近邻模型在信用管理、支持向量机和神经网络在行为预测、逻辑回归模型在 CTR 预测等应用更是不胜枚举，这些都是统计分析不能或无法有效解决的客观难题。

从 1989 年数据挖掘开始兴起，到 2009 年大数据时代的来临，这二十年间统计分析大部分时间沦为数据挖掘的探索性分析和数据预处理工具，尽管仍不可或缺，却已成为无可争议的配角。

第四节　统计分析的未来

统计分析的未来在哪里呢？是大数据！我们知道，大数据的核心功能是预测，而大数据的本质，除了模型体现的智能算法，其实都是各种统计分析应用。

以《数据会说话——2016 年大学生人群移动生活洞察报告》为例，我们看一下目前大数据主要告诉我们什么。

如图 3-2 所示，首先讲总体信息，显然是一个标准的加和统计汇总。

图 3-2　总体规模

如图 3-3 所示，这仍然是统计汇总。

如图 3-4 所示，这是一个饼图，标准的结构分析法。

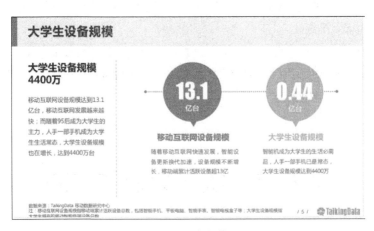

图 3-3　设备规模

如图 3-5 所示，仍然是结构分析法。

如图 3-6 所示，本页是比较分析法和结构分析法的组合，简单的分层统计分析。

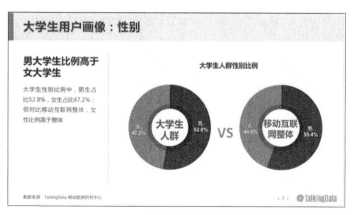

图 3-4　性别分布

图 3-5　省份分布

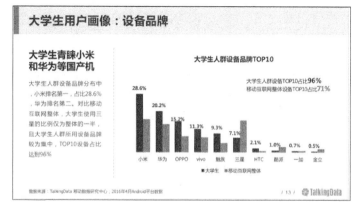

图 3-6　设备品牌分布

如图 3-7 所示，本页属于离散后的频次统计，仍然是统计分析模型。

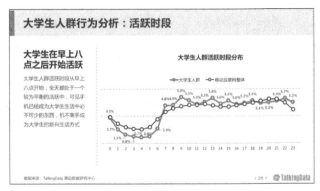

图 3-7　活跃时段

如图 3-8 所示，此处虽然提及关联，但与关联规则毫无关系，讲的是覆盖率和活跃率，是比例分析法和比较分析法的组合。

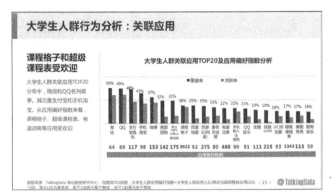

图 3-8　关联应用

如图 3-9 所示，本页仍然是比例分析法和比较分析法的组合。

如图 3-10 所示，首先应用了统计分组（居住地、周末消费地），又使用了基于 GIS 的样本分组，在基于网格分组进行频次统计分析，仍然是统计分析方法。

综上所述，类似的"大数据报告"其实都是基于统计分析方法的，也就是说，统计分析在大数据时代迎来了第二春。那么，这种方法与传统统计分析有什么区别吗？答案是肯定的。

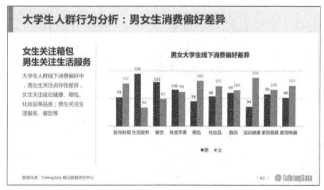

图 3-9　线下消费偏好差异

图 3-10　分布热力图

首先我们要知道，大数据时代有如下三个重要的转变。

转变一：从随机抽样到全数据。全数据意味着样本 = 总体，不再有抽样这个过程，大数据就是全量数据。由于目前计算机系统已经具备了足够强大的数据采集能力、存储能力和计算能力，加上 Map-Reduce 框架和分布式存储系统的先进架构，全量数据可以有效地解决传统的随机抽样自身存在的缺陷。图 3-11 形象地说明了抽样比例越低，对决策者的价值就越低，全量数据的结果最可信。

转变二：从尽可能精确到允许不精确。由于使用全量数据，因此大数据允许部分不精确，而依靠用数量来纠正错误，即量变引起质变。但是，对于小规模或特定数据，仍需要精确的统计结果。

图 3-12 来自于微博，某位网友说，"今天捡到一只小鸡，喂它小米也不吃，

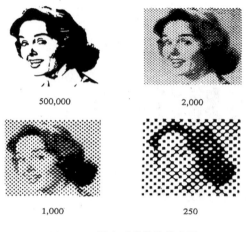

500,000

2,000

1,000

250

图 3-11　样本对总体的代表性　　　　　　图 3-12　捡到的"小鸡"

还老是瞪我，怎么办？在线等，挺急的。"定睛一看，这分明是老鹰的儿子小鹰，长大了还了得。这真是一个悲伤的允许不精确的故事。

转变三：从因果关系到相关关系。一般来说，统计分析一定要讲因果关系，这决定了统计学意义上的结论。但是，在大数据时代，相关关系即关联性比因果关系更重要。如果 A 和 B 经常同时发生，那么 B 发生了，就可以预测 A 也发生了，而无须费力研究到底是 A 导致了 B 还是 B 导致了 A，探求的是"是什么"而不是"为什么"。相对因果关系，相关关系能提供更清晰的视角，而加上因果关系时，很多视角就可能被屏蔽掉。

"你为什么放学不回家？"

"因为我怕我爸打我！"

"你爸为啥打你？"

"因为我放学不回家。"

"……"

这是一种很无奈的因果关系。其实如果只考虑相关关系，可怜的孩子就知道应该回家了。

第四章

Excel：数据基础管理

Excel 是 Microsoft Office 系列的重要组件，也是数据分析的基础工具，既可以用于小规模数据的处理和简单分析，也可以用于经营分析的基础底表模板。

在 Excel 2003 及以前的版本，其最大容量为 65536 行和 256 列，而 Excel 2007 及以后版本则升级到 1048576 行和 16384 列，即使如此，这样可怜的容量对大数据而言仍然是杯水车薪，完全不够大数据工程师施展的。另外，Excel 是采用高级语言编写的，其执行效率异常低下，远不及专业的统计分析软件。

第一节　新功能怎么用

Microsoft Excel 是微软公司的办公软件 Microsoft Office 的组件之一，是由 Microsoft 为 Windows 和 Apple Macintosh 操作系统的计算机而编写和运行的一款试算表软件。Excel 是微软办公套装软件的一个重要组成部分，它可以进行各种数据的处理、统计分析和辅助决策操作，广泛地应用于管理、统计财经、金融等众多领域。Excel 2016 如图 4-1 所示。

图 4-1　　Excel 2016

下面我们看看 2007 版以来的一些新功能，而这十年以来又陆续增加了哪些炫酷的应用。

1. 标签式菜单

新版本的 Office 彻底抛弃了以往的下拉式菜单，做成了更加直观的标签式菜单。双击某个菜单标签，即可以将相应的菜单标签向上隐藏起来，扩大编辑区；再次单击某个菜单标签，即可展开相应的菜单标签。这个扩大编辑区适合那种投影修改的场景，既能避免放映状态无法编辑的限制，又可以获得更大的显示空间，让观众能实时跟踪修改状态。对于一些设置比较多的菜单项，单击右下角的级联按钮就可以展开后续对话框。级联按钮存在的最大意义是在需要精确设置的情况下快速进入属性菜单，节约很多的右键操作。

2. 即选即显

选中某个单元格，在随后弹出的字号列表中，当鼠标停留在某个字号时，单元格中的字符即刻以相应的字号显示出来，并自动调整行高以适应字号的大小。请注意，即选即显的不仅是字号，还有字体、选择性粘贴等！这一功能在需要调整字号、字体等对象时具有无与伦比的快捷性，可以一步到位而非多次尝试。

3. 快速添加工作表

下端工作表标签名称右侧新增了一个按钮——插入工作表。单击此按钮，即可在最后添加一个空白工作表。这将大量节省过去"右键→插入→工作表→确定"的复杂操作，在需要频繁插入工作表的场景下非常有用。而且，现在插入一个工作表的位置是当前焦点所在 Sheet 的后面，而不是像以前一样放在最后，还需要调整相对位置。

4. 直接存为 PDF

新版本 Excel 文件可以存为其他格式，比如 CSV（方便数据库 I/O）、Excel 1997—2003 工作簿（兼容以往版本）等，尤其可以直接存为 PDF，方便发布和保护版权。

5. 函数跟随

当我们输入函数式的前导符——"="号及函数名称前面部分字母时，系统自动列出类似的函数，供操作者直接选择输入，既提高了函数式的输入速度，又保证了函数式输入的准确性。这个功能其实模拟的是编程语言的集成开发环境，对于具有编程经验的操作者而言实在是个大福音，不再需要查询很多资料来学习海量的函数了。

6. 全新的条件格式

条件格式变得非常炫，有颜色的数据条、色阶，甚至是有趣的图标集，可以做到形象生动的数据展示，突出重点。人的大脑分为左、右两个部分，左半脑主要负责逻辑理解、记忆、判断、排列、分类、逻辑、分析、书写、推理等，右半脑主要负责空间形象记忆、直觉、情感、视知觉、美术、音乐节奏、想象、灵感等。当一个数据表只有数据的时候，左半脑兴奋而右半脑抑制，但是当我们加入条件格式，让数据表生动起来，左右脑同时激活，不仅会让数据表更美观，重要的是还能更直观地记忆和理解数据本身。

7. 新版公式编辑器

从 Excel 2010 开始，Office 终于升级了自己的公式编辑器，结束了分析师们长期使用 MathType 甚至 LaTex 编辑文档的被动局面。在"插入"标签中我们便能看到新增加的"公式"图标，单击后便会进入一个公式编辑页面。在这里，二项式定理、傅里叶级数等专业的数学公式都能直接打出。同时它还提供了包括积分、矩阵、大型运算符等在内的单项数学符号，足以满足专业用户的录入需要。显然，这个版本的公式编辑器大量借鉴了 MathType 的设计风格，但它比 MathType 更强大的一点是可以直接用 Office 字体来调整公式对象的格式，而不是一幅控件控制的图片。这让不少 20 世纪 90 年代就开始上网的中年人不由得想起当年微软的捆绑战术，IE 靠与 Windows 的免费搭售策略迅速颠覆当时占据统治地位的 Netscape Navigator 浏览器。

8. 冻结窗格

以前版本的冻结窗格功能对新手并不友好，而新版的冻结窗格操作则显得更接地气了。事实上，90% 以上的冻结窗格都是冻结首行或首列。

9. 单独窗口

从 Excel 2013 开始，每个工作簿都拥有自己的窗口，从而能够更加轻松地同时操作两个工作簿，当操作两台监视器的时候也会更加轻松。以往这种操作要通过打印其中一个工作簿来完成，很费纸张和油墨。

10. 新图表类型

在 Excel 2016 中，添加了六种非常有用的新图表。在"插入"选项卡上单击"插入层次结构图表"，可使用"树状图"或"旭日图"图表，单击"插入瀑布图或股价图"可使用"瀑布图"，或单击"插入统计图表"可使用"直方图""排列图"或"箱形图"。这几种图具有明显的互联网风格，显得更加先进和有活力，是数据分析师的福音。

第二节　几个大招

1. 设置里的玄机

如果用户需要 100 个工作表该怎么操作？靠单击 100 次右下角的添加工作表显然有点傻气。其实很简单，在"选项 / 常规"里面，对于新建工作簿的设置选项，我们可以调整初始字体、字号、视图和工作表数。当然，默认选项是正文字体（通常是宋体）、11 号、普通视图和 3。如果把最后一个选项设置为 100，再建立新的工作簿，就立刻拥有一个包含 100 个工作簿的工作表了。当然很多时候建议大家设为 1，因为绝大多数情况下我们只需要 1 个工作簿，那种 3 个工作簿只有 1 个有数据但空着 2 个的情况，显得非常不专业。对于一个专业分析师来说，工作表和每个有数据的工作簿都是有名字的且不存在空的工作簿，例如"2016 年 5 月财务分析数据 .xlsx""1 月"（Sheet 名）、"2 月"等。至于字体和字号，建议微软雅黑配合 10 号字，可以兼顾醒目和美观。新工作簿的默认样式如图 4-2 所示。

图 4-2　新工作簿的默认样式

2. 保存位置

文件的保存位置最好重新设置，一定要存到非系统盘的位置，以防系统崩溃的风险。第一，自动恢复文件要设置在非系统盘；第二，关键文件的路径和文件名要用拉丁字母或拼音而尽量不要用中文保存位置如图 4-3 所示。

图 4-3　保存位置

3. 自由定制选项卡

现在，Office 全系列都可以自由定义选项卡上的内容了。传统软件我们只能够接受一个固定的菜单，当菜单可以全部重置甚至彻底推翻时。我们就可以按照自己的工作习惯来调整，使之适应自己的工作特点了。例如，财务分析师可以把财务函数都放在最醒目的位置，而把不常用的标签菜单隐藏或删除。自定义功能区如图 4-4 所示。

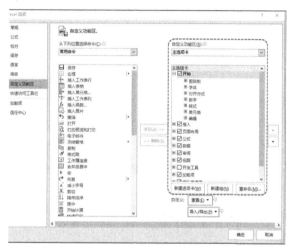

图 4-4　自定义功能区

4. 有趣的迷你图

迷你图（图 4-5）是 Excel 2010 版本开始新增的一项功能，使用迷你图功能，可以在一个单元格内显示出一组数据的变化趋势，让用户获得直观、快速的数据的可视化显示，对于股票信息等来说，这种数据表现形式将会非常适用。迷你图有三种样式，分别是折线图、直列图、盈亏图。不仅功能具有特色，其使用时的操作也很简单，先选定要绘制的数据列，挑选一个合适的图表样式，接下来再指定好迷你图的目标单元格，确定之后整个图形便成功地显示出来。例如，在总部做全国分析时，经常需要同时显示 31 个省级分公司的业务走势，在同一个图中显示 31 条折线显然是非常让人崩溃的，而分别做 31 个图也是费时费力的，迷你图则完美地解决了这一问题。另外，提前设置好的多个单元格组成向量生成的迷你图，当某个月的新数据导入时，对应的迷你图也会自动变化，无须再次设置。

0.151	0.135	0.787	0.929	0.906	0.953	0.020	0.554	0.586
1.000	0.396	0.020	0.802	0.309	0.162	0.258	0.725	0.133
0.731	0.438	0.839	0.206	0.863	0.233	0.554	0.072	0.191
0.405	0.137	0.757	0.662	0.908	0.060	0.799	0.473	0.280
0.721	0.255	0.182	0.343	0.262	0.464	0.923	0.544	0.442
0.702	0.283	0.604	0.280	0.740	0.723	0.866	0.327	0.229
0.021	0.043	0.523	0.522	0.752	0.342	0.623	0.714	0.666
0.804	0.860	0.378	0.442	0.154	0.802	0.798	0.382	0.994
0.195	0.724	0.708	0.136	0.029	0.929	0.483	0.422	0.167
0.404	0.806	0.735	0.721	0.570	0.916	0.838	0.883	0.035

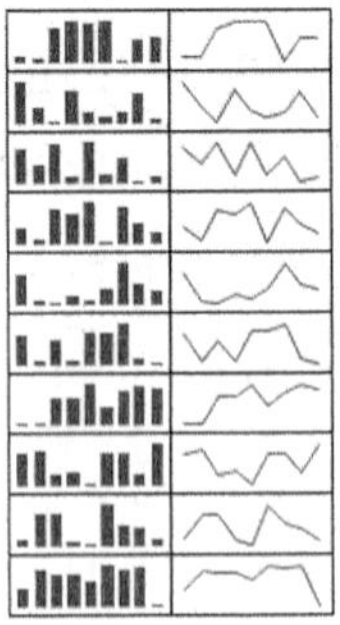

图 4-5　迷你图

5. 一键式预测

在 Excel 的早期版本中，只能使用线性预测。在 Excel 2016 中，FORECAST 函数进行了扩展，允许基于指数平滑进行预测。此功能也可以作为新的一键式预测按钮来使用。在"数据"选项卡上，单击"预测工作表"按钮可快速创建数据系列的预测可视化效果。在向导中，还可以找到由默认的置信区间自动检测、用于调整常见预测参数（如季节性）的选项。

6. 3D 地图

受人欢迎的三维地理可视化工具 PowerMap 经过重命名，内置在 Excel 2016 中。这种创新的故事分享功能已重命名为 3D 地图，可以通过单击"插入"选项卡上的"3D 地图"随其他可视化工具一起被找到。

第三节　函　　数

Excel 的很多功能是通过各种函数实现的，掌握函数功能并熟练使用函数是 Excel 高手的标志之一。Excel 函数分为财务、日期与时间、数学与三角、统计、查找与引用、数据库、文本、逻辑、信息、工程、多维数据集、兼容性和 Web 共 13 类。本节重点介绍数据分析常用函数的使用技巧。

1. 日期与时间函数

日期与时间函数可以对时间相关的字段进行格式化处理，返回需要的变量，如某两个时刻之间的时间间隔。

2. 数学与三角函数

数学与三角函数是科学计算的主要工具。在 Excel 里面引用 π 直接用 "PI（）" 即可，但引用 e 则需要使用 "EXP（1）" 来代替，取随机数可以使用 "RAND（）" 和 "RANDBETWEEN"。在常用的数学计算里面，ABS 计算绝对值，COMBIN 计算组合数量，FACT 是阶乘，SIGN 取正负号，SUM 求和，PRODUCT 求积，MOD 取余。COUNTIF 和 SUMIF 则按照表达式选择对象再计数或求和，CEILING 和 FLOOR 分别是向上取整和向下取整，GCD 和 LCM 分别是最大公约数和最小公倍数，自然指数 EXP 与自然对数 LN 互为逆函数，而 LOG 和 LOG10 也较为常用。POWER 求幂，常用的平方根是 SQRT，对于其他次根（如立方根）则一般采用 POWER（X, 1/3）完成。对于保留小数位数，有 ROUND 四舍五入，ROUNDDOWN 和 ROUNDUP 分别向下取整和向上取整，TRUNC 截取可用。SUMPRODUCT 函数代表两个序列对应相乘再求和，最常用的场景是加权平均的计算。

3. 统计函数

数据预处理和探索性分析是统计函数的用武之地。最常用的 AVERAGE 计算均值，MAX 和 MIN 是最大值和最小值（可取多个值比较），MEDIAN 计算中值，MODE 计算众数（与取余 MOD 不一样），CONFIDENCE 计算置信区间，CORREL 或 PEARSON 计算皮尔逊相关系数。注意，LINEST 函数可以返回线性回归方程的参数，而 SLOPE 函数并不是斜率，而是代表每个自变量单位步长内因变量变化的绝对量。COUNT、COUNTA、COUNTBLANK、COUNTIF 是计数函数的四种不同表达方式，分别对应普通计数、非空、空、条件表达式四种场景。

4. 查找与引用函数

查找与引用函数主要用于进行分支选择等操作。推荐使用 TRANSPOSE 函数，可完成带公式的向量型对象的整体转置，而无须重新书写公式。在分支选择应用场景下，建议使用 CHOOSE 函数，而慎用 HLOOKUP 和 VLOOKUP，这是因为，当部分单元格更新的时候，容易产生逻辑错误，影响整个数据表的计算结果，不少著名的大型公司已经禁用该函数。

5. 文本函数

文本函数用于数值和文本的转换。文本函数主要包括大小写转换的 LOWER 和 UPPER，数值与文本转换的 T 和 VALUE，以及 T 的增强形式 TEXT。推荐函数 CONCATENATE，它主要用于多个字符串的组合，与查找与引用、逻辑等函数的组合后可以实现分析结果的自动化点评，这对于具有几十个类似点评对象（如 31 个省分公司的场景下）异常高效。

6. 逻辑函数

逻辑函数用于逻辑运算。常用的逻辑函数 AND、OR、NOT 代表与、或、非，以及 Excel 最重要函数之一的 IF，如果用来作为逻辑分支表达式框架可以多层嵌套，非常灵活。

7. 信息函数

信息函数用于单元格对象的信息索引。

8. 工程函数

工程函数用于工程计算，如二进制、八进制、十进制和十六进制的各种转换。

第四节　Excel 操作技巧

根据实践经验，Excel 操作需要关注以下几个要点：

1. 条件清空原则

一般地，在做周期性数据分析的时候，要预置一个分析底表的模板。例如，全年的分析需要将逐月情况分别列表展示。但是，除非是第二年年初，否则总有若干个月的数据并未产生，造成底表的不美观。因此，要设置一个数据进度开关，通常是一个固定工作簿的固定单元格，标定当前的月份值，再用一个 IF 函数根据数据进度开关来过滤当前单元格显示"空"还是"设定好的公式"。这样的话，未产生数据的部分显示为空，不会造成计算逻辑的混乱；当该月数据填充进来且数据进度开关更新后，自然显示为逻辑公式的计算结果。

2. 异常处理原则

有些单元格的公式存在结果异常的可能性，例如公式为另外两个单元格之商，分母为 0 时会出现被零除错误。此时，应引入一个 IF 函数进行过滤，当分母为 0 时，结果设置为"空"或"预置的提示字符串"。除了被零除，其他的函数凡是返回值可能出现错误的地方，都需要事先考虑异常处理动作，并使用 IF 函数避免不受控制的显示。

3. 绝对引用原则

很多人操作 Excel 的时候喜欢用同一个工作簿下的单元格之间进行引用和数值计算，这种同一个工作簿内单元格组成的公式，称为相对引用。对应地，如果一个单元格公式所有引用的数据来源是另一个工作簿内的某些单元格，则称为绝对引用。在此建议大家在设计数据底表模板的时候，尽量使用绝对引用，而不是相对引用。

这是因为，相对引用容易产生联动和循环，而绝对引用由于指向性比较集中，只有源数据工作簿变动的时候才会被牵连，稳定性好得多。另外，数据底表模板一般是分多个二级单位的，每个单位的整体数据在单独一个工作簿内维护，多个二级单位的表结构和公式都可以复用，而不必单独多次写公式。

第五节　SmartArt

SmartArt 是非常好用的一款组件。在它出现之前，咨询业从业者不得不使用大咨询公司如麦肯锡、罗兰贝格流传的形状、文字组合模板来完成类似的功能。这些组合模板的缺点是很难调整结构数量，不能自适应对象数量和字体，缺乏色彩。其实，SmartArt 的最大意义在于"文字的图形化"，让"PPWORD"类的文档生动鲜活起来。人类的历史上是先有图形后有文字，一图抵万言，图的信息量也远远高于文字。如果说一段文字是"毛坯房"，那么加上 SmartArt，就自然变成了"精装修"。

接下来我们讨论一下 SmartArt 的正确用法。

在使用 SmartArt 之前，必须了解其中每个模板对象的适用范围，如图 4-6 所示。熟能生巧不假，但如果能在使用之前就把所有对象的适用范围背诵下来，可以少走很多弯路。

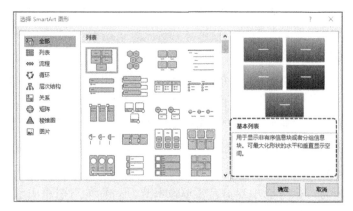

图 4-6　SmartArt 注释

SmartArt 的使用分为四个步骤：插入对象、填充文字、选择颜色、选择效果（图 4-7）。插入对象的时候首先根据文档布局的需要调整对象的大小，然后把要展示的文字填写到对象中。选择颜色的时候要注意与文档所处的场合相

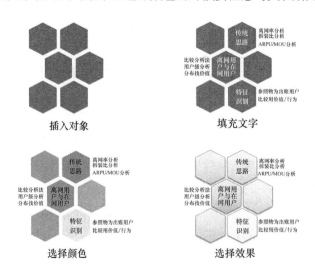

图 4-7　SmartArt 使用步骤

关，正式的商务汇报场合需要以冷色为主，而年会、竞聘等场合以暖色为主，突出喜庆和活力。一般而言，Office 默认的配色方案已经够用，不必冒险采用一些非常规的山寨艺术组合。效果和颜色不一样，经常被使用者忽略，其实效果相比颜色能带来更进一步的沉浸感，应尽量使用 Office 默认的前四个常用效果，后面那些立体的、变形的效果务必慎用。

第五章

SPSS：处理大数据

第一节　基本功能介绍

不同于 Excel，SPSS 是一款真正的统计软件。SPSS 最早由几个大学生编写完成，由于其卓越的处理效率，迅速风靡全球，成为最受欢迎的统计分析软件之一。在 1999 年，SPSS 公司收购了著名的商业数据挖掘软件 Clementine 的母公司，将 Clementine 纳入麾下。在 2009 年 7 月 28 日，商业分析巨头 IBM 公司宣布用 12 亿美元收购分析软件提供商 SPSS。目前 SPSS 已出至版本 24.0，而且更名为 IBM PASW Statistics，而 SPSS Clementine 也更名为 IBM PASW Modeler。

这里提醒各位读者，在大数据时代，PC 最好使用 64 位操作系统，并且相应地安装 64 位的应用软件。

SPSS 的功能主要是统计分析，可以进行数据的基本管理和汇总、预处理和统计分析模型的计算。但是，千万不要让 SPSS 进行数据挖掘，我们要使用 PASW Modeler 这样的专用工具，笔者曾经以专业的准则、公开的数据集进行过详尽的测试，结果是 SPSS 的数据挖掘模型算法陈旧、性能落后，模型效果惨不忍睹。

SPSS 的行容量和列容量都是未知的，只要 CPU 能运行，只要内存能装下，就可以运行和处理，笔者曾经用普通笔记本式计算机处理过单表 21 亿条的记录，存成 .sav 文件也有 10GB 以上。但是，SPSS 规定只能显示前面 8000 万条记录。当然，用 PC 处理如此大的数据集是有难度的，其中最大的瓶颈就是硬盘的 I/O 效率，如果使用 SSD 硬盘，大数据集的处理效率将成倍提升。

SPSS 的主要对手是 SAS、Statistica、R/S-PLUS、Stata、Minitab 等，但综合来看，在这些同样专业的统计分析软件中，SPSS 是最容易的上手。这里重点介绍一下 SAS 和 R 两种具有代表性的软件。

SAS（Statistical Analysis System，SAS）是全球最大的软件公司之一，是由美国 North Carolina 州立大学 1966 年开发的统计分析软件。1976 年 SAS 软件研究所（SAS Institute Inc.）成立，开始进行 SAS 系统的维护、开发、销售和培训工作。与 SPSS 相对应的 SAS 模块是 SAS/STAT。SAS/STAT 覆盖了所有的实用数理统计分析方法，是国际统计分析领域的标准软件。SAS/STAT 提供了 80 多个过程，可进行各种不同模型或不同特点数据的回归分析，如正交回归／面回归、响应面回归、Logistic 回归、非线性回归等，且具有多种模型选择方法。作为一款广受欢迎的商业软件，SAS 自然价格不菲，为了使用 SAS/STAT，还必须至少部署 BASE SAS。人们掌握 SAS 的难度是明显高于 SPSS 的。

R 是用于统计分析的一种语言、一种软件、一个系统，由奥克兰大学的 Robert Gentleman 和 Ross Ihaka 及其他志愿人员开发。R 的使用与 S-PLUS 有很多相似之处，两个软件有一定的兼容性。R 是一套完整的数据处理、计算和制图软件系统。其功能包括：数据存储和处理系统；数组运算工具（其向量、矩阵运算方面的功能尤其强大）；完整连贯的统计分析工具；优秀的统计制图功能；简便而强大的编程语言：可操纵数据的输入和输出，可实现分支、循环，用户可自定义功能。值得一提的是，R 是一个免费的自由软件，它有 UNIX、Linux、Mac OS 和 Windows 版本，都是可以免费下载和使用的。R 还可以通过加载算法包的方式无限扩展算法库，不仅是统计分析，在数据挖掘方面 R 具有相对商业软件无可比拟的可扩展性优势。但是，R 需要学习专用的语言，与 SPSS 相比，上手难度还是大得多。

第二节　文件操作

在"视图"菜单（图 5-1）内，可以对软件界面进行设置。在 SPSS 中，有三个主要界面：一是数据页，二是变量页，三是输出页。数据页是数据的容器，用户的绝大多数操作都在数据页完成。变量页是 SPSS 的特长，相当于数据字典，用一种可视化的方式来配置变量的属性，此处还可以添加变量的备注信息，灵活方便。输出页则记录了每一步操作的语法和结果，便于用户清楚地掌控整个处理过程。

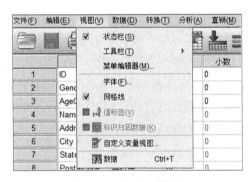

图 5-1　"视图"菜单

SPSS 可以打开诸多类型的数据，除了 .sav 文件外，Excel 文件、文本格式、dBase 表等也可以很好地支持（图 5-2）。".sav"文件比文本文件要大，但打开和存储速度远超文本，是 SPSS 数据处理过程中首选的文件格式。与 Excel 文件的互通是亮点，因为 dBase 表可以很好地模拟数据库表而无须安装和配置数据库软件，在科研论文仿真实验时非常有用。

在"编辑"菜单（图 5-3）中，"复制""剪切"和"粘贴"与 Windows 标准操作类似，这里不再赘述。"插入变量"（Variable）和"插入个案"（Case）可以用数据页面操作直接完成，无须调用菜单。"查找"和"替换"用于寻找特定值，也与 Windows 标准操作类似。"转向变量"可以快速查找某个

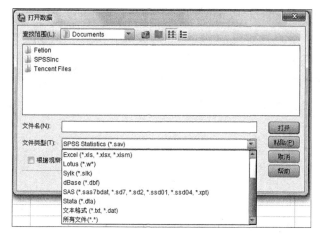

图 5-2　打开数据格式

图 5-3　"编辑"菜单

变量，"转至个案"可以快速转到指定序号的个案。当数据集很大的时候，想快速找出个案的数量，直接选择"转至个案"选项，输入一个巨大的数字，SPSS 会直接转向最后一条记录，这是找出多少个实例最快捷的方法。

　　"标识重复个案"（图 5-4）是 SPSS 一个非常不错的功能。早期版本的 Excel 并不能识别重复项，分析师们通常先排序，再通过 IF 语句来打标签，最后通过标签来标定重复项。后来 Excel 提供了删除重复项功能，但是过于简单粗暴，重复项被直接删除。SPSS 很早就有标识重复个案的能力，其中匹配个案的依据是重复项所在的变量（可以不止一个），排序依据和排序方向则标明匹配组内的排序逻辑。这个匹配组由匹配个案依据变量取值一致的一组重复项组成。主个案指示符是过滤标签，1 代表唯一个案或主个案，而 0 代表重复个案。

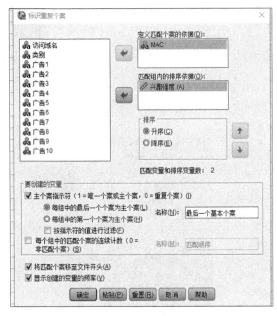

图 5-4　"标识重复个案"

"标识异常个案"是 SPSS 的另一个功能，但不推荐使用。这是因为异常个案采用了较为复杂的统计模型，对于统计知识不够扎实的用户，这个功能可能是个毒药而非良方。

合并文件是非常重要的文件整体处理功能，分为合并行和合并列，分别对应添加实例（图 5-5）、添加属性（图 5-6）。

当实例数量需要补足的时候，就使用添加实例命令，此时数据表变得更长。

另外，当模型的性能无法达到预定要求的时候，常常需要引入更多的属性，此时文件的合并需要使用添加属性命令，数据表变得更宽。

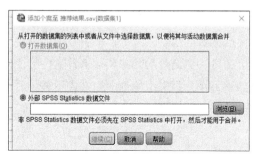

图 5-5　添加实例

图 5-6　添加属性

此外，添加属性时还有按照某个关键变量进行差异匹配的场景，如图 5-7 所示。默认的情况下两个表不一致的变量会被标出，以并集的方式合并两个文

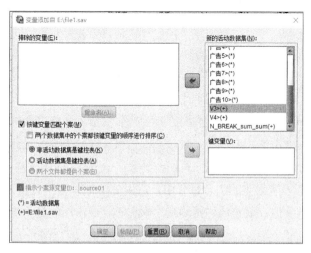

图 5-7　添加属性

件的变量。有时候，需要像数据库两个表按照外键进行对应，通过选择"按键变量匹配个案"复选框来完成。

"拆分文件"（图 5-8）这个功能并非是合并文件的逆向操作，而是分组分析法的实现手段。这种按分组来组织输出的方式不够灵活，替代的方法是使用"个案选择"功能。

图 5-8 "拆分文件"

第三节 统计功能

分类汇总（图 5-9）是数据分析的常用功能，几乎所有的建模工作首先都需要对行为记录进行分类汇总，形成宽表才能进行数据挖掘。Hadoop 框架中的 Map Reduce，其实就是分类汇总。分类汇总是从详单算账单的过程，常见的 Excel 中的数据透视表也是一种分类汇总操作。分界变量是分组的依据，其意义是每个分组单独统计，最终得出统计量。分界变量可以是多个，软件根据多个变量所有可能取值的组合来分组。这里分类汇总的统计量可以为第一条、最后一条、最大值、最小值、平均值、求和等，最常用的是平均值及求和。

"选择个案"（图 5-10）是 SPSS 的特色功能，它相当于一个过滤器，类似于 Excel 的 IF 语句。"输出"可以设置为"过滤掉未选定的个案""将选定个案

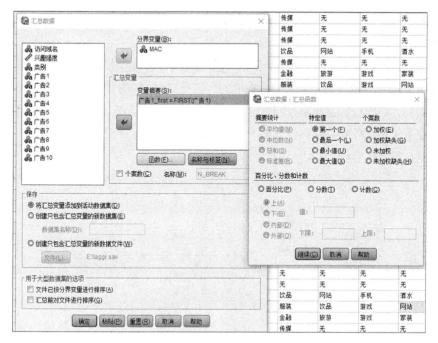

图 5-9　分类汇总

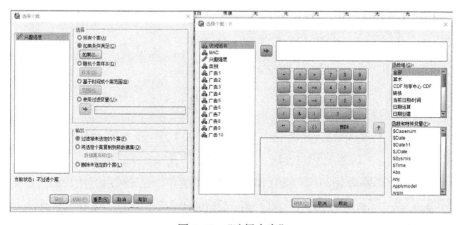

图 5-10　"选择个案"

复制到新数据集"和"删除未选定的个案"，非常灵活。尤其是"将选定个案
复制到新数据集"功能，可以起到文件拆分的作用。在条件选择窗口里，除了
加减乘除和关系符号可以作为条件，还可以调用集函数，丰富的类似 Excel 的

集函数能直接解决绝大部分复杂的条件设置，如包含字符串、时间日期、缺失值等。

计算变量（图 5-11）是修改变量值的方法，Excel 类似的功能是通过拖拽复制"A1=B1+C1"之类的公式完成的。但是，SPSS 的计算结果是不能自动更新的，每次计算之后都是特定的值，不存在动态的公式。计算变量可以生成新变量，也可以直接保存到原来的变量里。与选择变量一样，这里也可以使用四则运算和函数组。

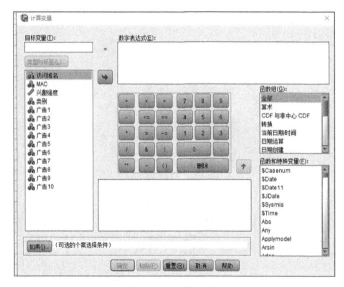

图 5-11　计算变量

重编码（图 5-12）是离散化的利器，也是数据预处理的关键操作。与计算变量一样，可以生成新的变量，也可以直接覆盖被重编码的变量。离散化的意义在于分箱和文本编码，例如 100 分制的成绩要转为 5 分制，用户的账单要分为高、中、低档，性别和所属区域等变量编码为数值（很多算法和软件处理不了非数值型的变量）。

"替换缺失值"（图 5-13）是个不错的功能。一般情况下，缺失值都是按照定值来处理的，如"9，99，999"等。缺失值可以通过序列平均值、线性插值等方法直接自动处理，这是很好的技术解决方案。但是在实际应用中，缺失值代表了一种特殊的业务意义。例如，一个用户的固话费用是 0 和固话费用缺

图 5-12　重编码

图 5-13　"替换缺失值"

失的意义是不同的，前者代表有固话业务但没有消费，后者代表根本没有购买固话业务。这意味着很好的技术方案却有可能带来重大的业务逻辑错误。

第四节　分析功能

　　作为一个统计软件，SPSS 核心的功能是统计分析。本节重点学习一下常用的分析功能。

描述统计（图 5-14）是整个统计分析的基础，主要进行探索性分析，是数据预处理（包括数据清洗）的前奏。主要统计量包括平均值、求和、最大值、最小值和标准差。

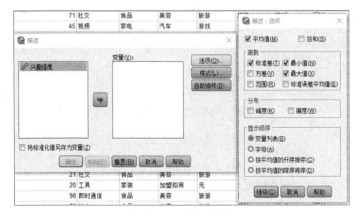

图 5-14　描述统计

相关性分析（图 5-15）是非常有效的分析工具，可惜在各种实际的分析报告中是罕见的。

图 5-15　相关性分析

回归分析是 SPSS 强项之一，是基于最小二乘法原理建立的对曲线函数的参数估计。回归的核心功能是通过曲线估算（图 5-16）完成的，通过对线性、二次、指数、幂、对数等多个回归模型进行拟合，再结合输出里面的拟合检验结果，判断出正确的回归模型。当然，如果采用过于复杂的模型，容易导致过拟合，这意味着拟合参数最优的曲线并不一定是最正确的回归结果。

图 5-16　曲线估计算

SPSS 里面的"分类"子菜单其实是聚类。聚类与分类的区别在第七章详细展开。K 均值聚类如图 5-17 所示。

图 5-17　K 均值聚类

在数据分析中，我们经常遇到很多的可用变量，但不可能采用所有的变量去建模，因为过多的变量会影响关键变量的权重，干扰了关键因素的识别。

因此，我们经常在数据预处理过程中降维。在 SPSS 中，降维的方法是因子分析（图 5-18）。任意两个因子是正交的，彼此的相关系数为 0。在实际应用中，100 个变量经常可以分解为少于 10 个的因子，效果还不错。但是，因子分析的最大问题是可解释性差，尤其对于不了解统计分析模型的业务人员，解释每个因子的现实意义几乎是不可能完成的任务。

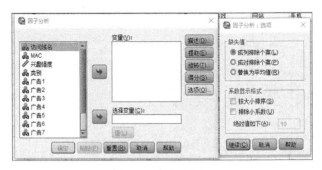

图 5-18　因子分析

语法即脚本，与 Excel 的宏或 VBA 非常相似，在处理多数据集和重复操作、复杂但连贯的操作方面有独到之处。前文提到，SPSS 的输出窗口可以将每一步操作都记录下来，这记录的方式就是输出语法。从本质上来说，软件是先根据菜单操作生成一系列语法，然后再让语法去操作数据。既然这样，我们不妨直接写语法脚本（图 5-19），连菜单操作都省了。但是，SPSS 的语法就像一种编程语言，看起来仍然需要下一番功夫学习。其实不然，Excel 的宏可以录制，代码能自动生成。因此，如果我们将输出窗口里面的语法进行适度的解析、编辑和修改，就可以生成我们自己需要的语法代码段。更轻松的方法是，要获得某个连贯处理过程语法段，先用菜单处理一边，然后直接复用输出窗口里的语法即可。这个捷径可以总结为三句话：先操作、看输出、改参数。

"图形"（图 5-20）菜单用于绘制各种图形。大部分的图形与 Excel 提供的类似，但 SPSS 更倾向于统计学的专用图形，例如箱图。

在 SPSS 的早期，与 SAS 一样，提供一种类似语言系统的符号工具，通过脚本程序来完成相应的分析模型构建过程。即使在新版的 SPSS 中，也一直保留了这个功能。但对于 21 世纪的 SPSS 使用者来说，图形化的菜单项才是最熟悉的。注意，"运行脚本"的功能在"实用程序"菜单（图 5-21）下。

图 5-19　语法脚本

图 5-20　图形

图 5-21　"实用程序"菜单

第 六 章

数据预处理：不可
承受之重

第一节　数据预处理做什么

在算法和应用火热的时代，无论是统计分析、数据挖掘还是现在流行的大数据分析来做主角，数据预处理是个上不得台面的存在，而且，一半以上的数据分析应用都几乎不涉及数据预处理的过程，这造成了很多对数据分析技术的误解。当模型效果不佳的时候，操作者认为是算法不够智能，软件不够好用，数据质量不好，而不会反思自己根本没有进行数据预处理。

数据预处理到底有多重要？我们先看一些在现实中存在的例子。

在国内三大运营商的任何一个地市分公司的账务系统中，随便提取一个月全量用户的账单，我们会惊奇地发现，一定有账务费用为负值的神奇存在——在现实世界中的数据大多是"脏"数据。

"脏"数据主要造成三个问题：一是不完整，即缺少属性值或仅包含聚集数据，例如"性别＝''"，或者某个属性的所有值都是相等的，前者代表信息量的缺失，后者干脆是信息量为 0。二是含噪声，即包含错误或存在偏离期望的离群值，例如"薪水＝'-10 000 元'"，这主要是相对业务逻辑而言的。三是不一致，即属性值之间存在矛盾或属性之间存在逻辑错误。例如，"年龄＝'37'"，而"生日＝'06/12/1998'"。

对于这些"脏"数据，如果不进行处理，模型的效果将远离我们预期的结果。一个较大的奇异值将显著提升所有实例的平均值，缺失值过多则会让很多算法陷入局部最优甚至彻底失败，逻辑错误则使得模型的可解释性劣化，让业务人员完全摸不着头脑。

数据预处理主要包括以下五种主要技术，本章的其他各节将分别介绍。

1. 数据清洗

数据清洗通过填写缺失值、光滑噪声数据、识别或删除离群点并解决不一致性来"清理"数据。

2. 数据集成

假定在分析中包含来自多个数据源的数据，这涉及集成多个数据库、数据立方体或文件，即数据集成。

3. 数据转换

数据转换操作，如规范化和聚集，是导向挖掘过程成功的预处理过程。

4. 数据归约

数据归约得到数据集的简化表示，它小得多，但能够产生同样的（或几乎同样的）分析结果。

5. 数据离散化

数据离散化是一种数据归约形式，对于从数值数据自动地产生概念分层是非常有用的。

第二节　数据清洗

有一种说法讲道，数据清洗是数据挖掘的三大难题之一。另一种说法直接认为数据清洗是数据挖掘的头号难题，甚至比算法和模型更重要。数据清洗的任务主要是填充缺失值、识别孤立点并平滑噪声数据、纠正数据不一致和去除数据集成过程中造成的冗余。

数据缺失的情况很常见。它可能来自设备故障，如服务器宕机、网络抖动和断线、传感器掉线等；也可能来自于数据不一致而被删除，如登记了身份证号后，系统自动稽核发现年龄填写错误而自动删除；还有可能是数据没有被录入，如纸质材料的灭失、人为的操作失误等。在绝大多数情况下，缺失值都应该被正确处理，尤其在算法对缺失值敏感的情况下。至于哪些算法对缺失值敏感，可以通过阅读相关文献或构造人工数据集对比试验的方法得出准确结论。

解决缺失值问题的思路主要有三种，在实际项目中第三种方法应用较多。

1. 删除元组

如果某个实例缺失多个属性，可以考虑直接删掉该实例；如果某个属性的缺失值比例过大，也可以考虑直接删除该属性。总体的原则是通过删除尽可能少的实例或属性，使得数据总体的缺失值比例以最快速度下降。当然，如果缺失值不是集中在某些实例或属性上，这一方法则不是很有效的。

2. 人工填写缺失值

如果缺失值是人为因素造成的，则可以考虑人工填补。其缺点是很费时，而且当事人可能不愿意承认自己的失误并且返工。

3. 用以下值自动插补

全局常量（例如"0"）、属性均值、与给定元组属同一类的所有样本的属性均值（例如男性、女性的分组均值）、最可能的取值（如多元回归模型结果）等。

除了缺失值，噪声数据也是数据清洗的主要目标。噪声数据又称异常值、奇异值或孤立点，代表特殊的实例。它们与大多数"正常"的实例不同，表现出离群索居、特立独行的形态。既然噪声数据客观存在，处理的方法主要是四种：分箱、回归、聚类和业务逻辑检测。在实际应用中，业务逻辑检测使用较多。

①分箱是一种应用了异常分析法思路的噪声处理技术，首先对实例进行排序，然后将有序值分布到一组等距或等频的"箱"中，最后以箱均值光滑、箱中位数光滑或箱边界光滑，最终形成较为集中的值分布状态。例如，一组值"{4，8，9，15，21，21，24，25，26，28，29，34}"需要进行分箱平滑，那么按照等频（等深）分箱，结果是"{4，8，9，15}，{21，21，24，25}，{26，28，29，34}"，按照均值平滑后的结果是"{9，9，9，9}，{23，23，

23, 23 }、{ 29, 29, 29, 29 }"，而按照边界平滑的结果是"{ 4, 4, 4, 15 }、{ 21,
21, 25, 25 }、{ 26, 26, 26, 34 }"。

②回归的方法主要是用一个函数拟合数据来光滑数据。如果一组值经过排
序后与某种曲线拟合度很好，那么离该曲线位置较远的那些点就可以判定为噪
声，可以直接删除或修改为与回归曲线更接近的合理值。

③聚类是一种检测噪声的有效技术，尤其是基于密度的聚类算法（如
DBSCAN）。这类算法的特点是将类似的值组织成"簇"，并且由于基于密度
聚类算法天然具有的密度检测功能，那些噪声点会直接被标定出来，而不会加
入到任何一个由密度区域组成的簇中。用该方法检测出噪声点以后，要进行业
务识别，如果确属无业务意义的异常，则直接删除即可。

④业务逻辑检测是指利用业务人员丰富的背景知识和实际经验，通过人工
统计筛选或制作规则集，由计算机自动处理，从而检测到不符合业务逻辑的噪
声数据。

第三节　数据集成

数据集成是将来自多个数据源的数据存放在一个一致的数据存储对象中的
过程。数据容器最常见的是数据仓库。这些数据源可能包括多个数据库、数
据立方体或一般文件。当然，随着大数据时代的来临，数据集成的对象和工具
也发生了变化。以往数据集成的结果保存在关系型数据库中，而现在则存放在
Hive 数据库或 NoSQL 数据库中，甚至只是一组数据表。

数据集成主要解决以下几个问题：

（1）实体识别问题：从多数据源中识别出现实世界中的实体，例如一个客
户（自然人）拥有多个产品实例（固定电话、宽带和手机）。

（2）检测并解决不一致性问题：对于现实世界中的实体，不同数据源的
属性值可能是不一致的。例如，不同系统中 ID=1234 的用户性别分类不一致，
这就需要在数据集成的过程中解决。产生不一致的可能原因是不同的陈述（例

如敌方和我方的观点)、不同的测量口径(例如 MB 和 GB)等。

(3)数据集成中的冗余问题:来自多个数据库的数据集成很容易造成冗余。存在属性的冗余,也就是两个属性几乎线性相关;也存在实例的冗余,如两条实例是完全重复的。这涉及一个问题,即来自多个信息源的现实世界的等价实体应该如何匹配?一般地,一个属性很可能是冗余的,如果它能由另一个或另一组属性"导出"(实际上是代数运算)。这一类属性可以被相关分析检测到。另外,完全重复的实例只需要检查其流水号或者其他表征唯一性的主键即可。

第四节　数据转换

数据转换主要对数据进行某种形式的变换。主要有以下几种方法:

(1)光滑:去除数据集合中的噪声数据,即数据清洗中的噪声平滑技术。

(2)聚集:对数据进行汇总或聚集,即数据集成。

(3)数据泛化:使用概念分层,用高层概念替换低层或"原始"数据,也可以理解为离散化,具体的操作方法是重编码。

(4)规范化:将属性数据按比例缩放,使之落入一个小的特定区间,最常见的是归一化,即将所有数值映射到一个 $[0,1]$ 区间内。一般的规范化方法包括最小 – 最大规范化、Z- 分数规范化和小数定标规范化。

①最小 – 最大规范化:to $[\text{new\_min}_A,\ \text{new\_max}_A]$

$$v' = \frac{v - \min_A}{\max_A - \min_A}(\text{new\_max}_A - \text{new\_min}_A) + \text{new\_min}_A$$

例如收入区间为 $[12\ 000,\ 98\ 000]$ 要映射到 $[0,1]$ 内,则 73 600 的规范化结果是 $\dfrac{73600 - 12000}{98000 - 12000}(1.0 - 0) + 0 = 0.716$。

②Z- 分数规范化:(μ: mean,σ: standard deviation)

$$v' = \frac{v - \mu_A}{\sigma_A}$$

例如 μ =54 000，σ =16 000，则 73 600 的规范化结果是 $\dfrac{73600-54000}{16000}$ =
1.225。

③小数定标规范化：

$$v' = \frac{v}{10^j}$$

其中，j 是满足 max（$|v'|$）< 1 的最小正整数。

（5）属性 / 特征构造：由给定的属性构造和添加新的属性，这个过程非常
重要。从数据源直接提取的属性称为原始属性，构造和添加的新属性称为衍生
属性。例如，计算某个用户的总费用趋势（衍生属性），需要至少最近 6 个月
的总费用进行回归分析。在实际项目中，衍生属性的数量往往是原始属性的
数倍。

第五节　数据归约

建立一个数据挖掘模型需要输入宽表，如果把宽表里的所有变量都放进软
件建模，其效果不会太好。首先，输入的属性越多，计算的复杂度越大，不利
于模型调优。其次，很多属性具有较强的相关性，如果都放进去，等于对某些
属性进行了加权，则会弱化其他属性的作用。最后，当属性太多时，模型的可
解释性变差，进行评估时容易造成业务人员的困惑。

数据归约就是将一个数据集的所有属性进行处理，得到数据集的归约表
示，它小得多，但仍接近保持原数据的完整性。数据归约可以理解为"降维"，
但尽量不损失原属性组合所带来的实例特征信息。

数据归约的策略主要有维归约、数量归约和数据压缩三大类。维归约减少
所考虑的属性个数，主要方法有主成分分析、属性子集选择等。数量归约用较
小的数据标识形式替换原数据，如回归的参数估计。数据压缩则使用某种"变
换"，将原数据进行压缩重构而不损失信息。这里重点介绍主成分分析、属性
子集选择和数据立方体聚集三种方法。

（1）主成分分析：假设我们有 100 个属性，这里面很多的属性彼此间有一定的逻辑关系，例如，总收入 = 固话收入 + 移动收入 + 宽带收入 +IPTV 收入 + 其他增值收入，而移动收入 = 移动语音收入 + 移动流量收入，移动语音收入 = 移动话务量 × 移动语音单价。这些内在的逻辑关系会造成 100 个属性实际上是由少量内在的"因子属性"构造出来的，这些因子属性的数量远低于 100。主成分分析就是运用统计学原理来找出这些因子属性的过程，原数据集被因子属性组成的新数据集替代。因子属性彼此之间是正交的，彼此的相关系数为 0，这样的每个属性都是"主成分"之一。这看起来是个非常好的方法，常常能够揭示一些隐含的联系，可以得出一些不寻常的结论。但是，正是由于"主成分"属性是个抽象的替代概念属性，没有现实世界的具体实例表示，对业务人员的理解能力是个挑战。

（2）属性子集选择：它又称为特征选择，通过删除不相关或冗余的属性减小数据集，目标是找出最小属性集，使得数据各属性的概率分布尽可能地接近原分布。与主成分分析不同，属性子集选择的输出结果是当前数据集的子集，即 100 个属性中挑选出若干个"最有业务意义"或"最有利于建模"的属性。如果有 100 个属性，对于剔除或保留，有 2^{100} 种选择，穷举搜索显然是低效的，何况属性数量经常不止 100。因此，属性子集选择通常使用统计显著性检验来确定，每个属性是单独检测的。其策略一般是采用压缩搜索空间的启发式算法，如向前、向后、向前向后结合、决策树等。向前策略每次挑选出当前剩余最好的属性加入子集，向后策略则每次删除一个当前最差的属性形成更严格的子集，两者结合就是每次迭代同步这两个过程；决策树则是利用其信息增益特征来进行属性选择，对于分类算法应用的属性子集选择尤其有用。此外，子空间聚类也是一个属性子集选择的有效方法，它通过搜索存在高密度簇的子空间找到最佳的属性子集来完成聚类应用。

（3）数据立方体聚集：原数据集的 100 个属性可以抽象为一个 100 维的超立方体，选取不同的属性子集其实就可以得出不同的低维子空间。每个维度都有一定的分布层次，例如性别的男、女，年龄的幼年、青少年、中年、老年等，所有维度按照自己的分布层次来进行组合，可以将原数据集进行切片，形成一个数据立方体，存储其多维聚集信息，可以理解为当前数据块的统计特征，如均值、最大值、最小值和标准差。数据立方体是数据分布特征的抽象概念表示，其最基本的起点是单个维度的某个层次划分，如性别为男性的客户，最高级的立方体则是全集整体，即所有客户。数据立方体聚集是忽略那些次要的过程属性的过程，主要参考分析目标和业务背景，如果要基于全年数据进行建模，那么将单月口径的各项数据如收入、业务量进行汇总后形成全年数据再删除这些过程属性即可。

第六节　数据离散化

数据挖掘的算法，尤其是商业软件常用的那些经典算法，通常对于离散的属性处理效率更高、效果更好，因此数据离散化是实际项目中常见的预处理方法。

属性主要有如下三种类型：

（1）名义型（Nominal）：非排序的离散值组合，如性别分为男、女，颜色分为红、黄、蓝。此时计算实例在该属性上距离的时候，通常只有0和1两种结果，0代表值一致，1代表值不一致。

（2）顺序型（Ordinal）：具有一定顺序的离散值组合，如本科生的年级分为1~4，考核登记分为优、良、中、差，军衔，职级等。这时，计算距离可以通过数值计算完成，4年级与1年级距离就是2年级与1年级距离的3倍。

（3）连续型（Continuous）：实际的数值，包括整数或实数，在值域内以一定概率分布出现。连续型属性在计算距离的时候，一般先通过预处理的规范化过程将值域压缩到［0，1］内，再直接算差即可。但是，这样的计算涉及浮点型甚至双精型，海量数据计算的时候效率达不到要求，而且这种精确性在实际项目中其实并不那么重要，例如某个客户对某种商品的偏好是百分制的60分还是5分制的3分讲的是一回事。

离散化就是将一个连续型属性的值域切分成一定规律的分段，然后将连续型的数值映射为离散型数值的过程。有些分类算法只能接受离散型的属性，无法处理连续型属性，离散化是必须的。离散化有一个好处是可以缩减数据集的复杂度，不论是存储空间还是计算复杂程度。离散化还可以为进一步的分析做准备，例如发布大数据报告给公众的时候，不用离散化的处理和展示根本无法让非专业的人群轻松地解读。

离散化一般通过分箱来完成，在 SPSS 中使用 recode 命令来完成。下面介绍分箱的主要方法。

等宽（Equal-width）分箱：将值域均分为 N 份，相邻分界点的距离都是值域的 N 分之一，所有实例值按照分界点映射到新的分箱内，用分箱顺序号替代。例如值域为 [0, 100]，离散为 10 个层次，则分界点为 0，10，20，…，100，值 79 映射为 8。

等深（Equal-depth）分箱：先对所有实例升序排列，按照频次均分为 N 份，每个区域的实例数量相等，所有实例值按照所属的排名映射到新的分箱内，用分箱顺序号替代。例如值域为 [0, 100]，离散为 10 个层次，符合标准正态分布，值 51 映射为 6。

其实还有一种办法，那就是等自然对数（Equal-lnN）划分：等自然对数划分类似于等深分箱，先对所有实例升序排列，然后将所有值取自然对数 ln，再将取自然对数后的值进行等宽分箱处理。这种方法的好处是概率密度分布非常"自然"。

第七章

建模：数据挖掘的本义

通俗地讲，数据挖掘就是对海量数据进行精加工，找出事物运行规律的过程。严格地说，数据挖掘是一种技术，从大量的数据中抽取出潜在的、不为人知的有价值的信息、模式和趋势，然后以易于理解的可视化形式表达出来，其目的是为了提高市场决策能力、检测异常模式、控制可预见风险、在经验模型基础上预言未来的趋势等。

这里面要注意这样几个关键词，一是"潜在的""不为人知的"，如果能用统计分析方法直接假设并检验，这就不是一个数据挖掘应用；二是"有价值的"，即数据挖掘的结果必然是有意义的，当然，不是所有的输出都是有用的，这一点对初学者尤其重要，不要以为模型都是可应用的；三是"信息、模式和趋势"，这定义了数据挖掘的输出形式，那就是某种规律、规则集或逻辑关系。

第一节　数据挖掘的过去和未来

数据挖掘的产生基础包括计算机软件系统、硬件系统、数据库系统、统计分析等数据分析理论、现实的人工智能（AI）和商业智能（BI）应用需求。

战争尤其是规模巨大的全球战争历来是科技的催化器，在第二次世界大战期间，数据分析技术也有了长足的进步。运筹学找到了用武之地，充分地应用于雷达规划和空袭早期预警问题。但是，运筹学模型当时依靠的计算工具是非常低效的，无法做到根据战斗形势即时调整，更不要说弹道计算这样的高级技术了。从图灵机到冯·诺依曼结构，在 1946 年，世界上第一台计算机埃尼阿克（ENIAC）为计算弹道而生，其主体设计于"二战"末期。后来的炮兵雷达可以做到对方炮弹打过来时立刻计算出对方炮兵阵地坐标，几分钟内立刻反击直接摧毁，靠的就是计算机的发明。

计算机的发明不仅是计算机专家的骄傲，也是数据分析专家的巨大福音。在冷战期间，计算机网络、并行计算、人工智能几个关键概念对计算机应用提出了更高的愿景。在人工智能的启蒙阶段，由于朝鲜、越南两场战争没能取胜，造成了重大人员伤亡，美国军方甚至提出了"机器人士兵"概念以降低人命损失。更加先进的基于人工智能的无人机、巡航导弹、潜水艇等兵器都成为研究目标。当然，这里的无人机概念与现在民用的遥控型无人机完全不同，不需要人脑的即时指导也可以自主思考和执行任务。前段时间，美国军舰在南海的无人潜艇被中国海军捕获，也是一个典型的军事人工智能应用，这种无人艇并非有操作员进行遥控，而是根据预置的智能程序执行一连串的信息收集任务，并可以根据不同海况进行机动。可惜的是，聪明的无人艇也逃脱不了被中国海军"一网打尽"的命运。

在 20 世纪 80 年代，人工智能（AI）经历多年的研究仍然难以突破，离完全"类人"的思考还有巨大的技术鸿沟，图像识别、自然语言处理和自主神经型思考难住了科学家们。另外，随着 1989 年苏联解体，冷战蓦然结束了，于是军方的关注度明显下降，人工智能的研究就陷入了低谷。这时，在中国也经历了大裁军和工作重心转向经济建设，大量军事装备工业转向民用。类似地，美国的人工智能也开始向商业智能转型，AI 变成了 BI，BI 即商业智能。这里面还有一个原因是，根据摩尔定律，计算机的能力不断刷新纪录，数据库技术也快速发展。大量的商业计算机系统上线，数据爆炸一样地积累着，如何对堆积如山的商业数据进行挖掘，开始成为流行的话题。

在 1989 年 8 月美国底特律召开的第 11 届国际人工智能联合会议上，科学家们首次提出了 KDD 这一名词，即 Knowledge Discovery in Database（数据库中的知识发现），简称知识发现。当时的数据都是在数据库中进行处理和分析，没有数据库是无法建模的。"知识发现"这一术语是最原汁原味的，所谓的"数据挖掘"，其实只是知识发现中的一个步骤，就是那个建模的步骤，"挖"的那一下子而已。但是，翻译成中文后，"知识发现"非常拗口，"数据挖掘"则生动传神得多，因此，无论是学者、工程师还是大众人群，都统一用数据挖掘来指代知识发现。除了知识发现，本书中的数据挖掘也指代模式识别、机器学习等近似术语的概念。

了解了数据挖掘的历史，关于数据挖掘的现状我们在本章其他章节进行讨论，接下来再讨论一下数据挖掘的技术趋势。作者认为，未来数据挖掘应该有一个核心技术、三个重要应用，即深度学习、图像识别、自然语言处理和自动驾驶。

什么是深度学习？深度学习又称深度挖掘，简单地说，就是可以自己跟自己学习，具有智能（其实主要是策略网络）呈指数成长的特性。深度学习的概念源于人工神经网络的研究。含多隐层的多层感知器就是一种深度学习结构。深度学习通过组合低层特征形成更加抽象的高层表示属性类别或特征，以发现数据的分布式特征表示。深度学习的概念由 Hinton 等人于 2006 年提出。基于深度置信网络（DBN）提出非监督贪心逐层训练算法，为解决深层结构相关的优化难题带来希望，随后提出多层自动编码器深层结构。此外 Lecun 等人提出的卷积神经网络是第一个真正多层结构学习算法，它利用空间相对关系减少参数数目以提高训练性能。

深度学习是机器学习的一个新的领域，其动机在于建立、模拟人脑进行分析学习的神经网络，它模仿人脑的机制来解释数据，例如图像、声音和文本。与机器学习方法一样，深度学习方法也有监督学习与无监督学习之分，在不同的学习框架下建立的学习模型很不相同。例如，卷积神经网络（Convolutional Neural Networks，CNNs）是有监督的，而深度置信网（Deep Belief Nets，DBNs）是无监督的。

深度学习的典型例子是"AlphaGo 风暴"。此前不为人知的围棋机器人 AlphaGo 成功击败围棋界传奇——十四冠王李世石，并最终登上了围棋世界排名第一的宝座。耐人寻味的是，此前 24 个月保持第一的是著名中国新锐棋手柯洁。当时，柯洁认为 AlphaGo 赢不了自己。

2017 年年初，随着古力投子认输，神秘棋手 Master 最终以 60 胜 0 负 1 平的战绩横扫人类，其中包括目前中日韩的围棋 No.1 职业九段以及聂卫平、常昊等老将，也包括柯洁这个不世出的当世围棋第一人。最终谷歌承认，神秘棋手 Master 其实就是 AlphaGo！此前，熟稔数据挖掘的专业人士都有个一致的意见，此狗非彼狗，由于深度学习的强大学习能力，它的成长速度是远高于人类棋手的。只要不给 AlphaGo 断电任期不停学习，如果对战李世石的是一条泰迪的话，现在的 Master 已经是一条藏獒了，横扫人类棋手其实是个 100% 概率的事情。

深度学习可以带来人工智能的指数型成长，那科幻片里出现的人工智能毁灭人类的事情是否会出现呢？作者认为这取决于如何教会人工智能非线性逻辑，这是一件非常难的事情。比如最简单的计算器，哪怕是一个算盘，1 加 1 等于 2，没有其他的可能性。计算机在搜索策略空间的时候，一般都是遵循某种最优化原则的，让它某个阶段迂回一下，"傻"一下，搞伪装和欺骗，都是不可能的。即使 AlphaGo 横扫人类围棋，包括此前已经攻克的国际象棋，我们可以说，这都不是最复杂的，毕竟双方博弈的策略空间是相对简单的。有网友揶揄道："Master 那么牛，跟我打个麻将呗？"另外一位有才的网友提到，"跟岳父和领导打麻将，电脑应该是不及格的。"这虽然是调侃的语气，但却点出了人工智能的软肋，那就是复杂博弈空间的不确定性和非线性逻辑的适应性。

图像识别是人工智能和人类相比技能最差的方向之一。一个比较典型的图像识别应用就是人脸识别，人脸识别可用于反恐等重要应用。一般地，在公认的权威数据集上人类的能力准确率大概是 95%。以往的人工智能算法的准确率达到 92% 已经是很高水平，而 2014 年出现了 97% 准确率的算法，首次超过人类！这得益于深度学习思想的应用。如果机器人的视觉能力比人类更快、更强，那么就能更容易地执行特定的任务，且没有生理性限制，不用吃饭、喝水、上厕所，只要有能源供应就几乎是无死角、全天候的，科幻片里的分布式摄像头网络找人将成为现实。

自然语言处理也是人工智能的一大难题，分词、语义理解都不容易，何况基于人工智能的同声传译了。但是，如果想通过图灵测试，一台拟人计算机首先就要过自然语言处理这第一关。同样基于最新的深度学习技术，自然语言处理也经历了一些改变，如语义可计算、自动问答、机器翻译的可用性都提升了，目前很多网络机器人都可以熟练地回答客服问题。但是，与拉丁字母不同，汉语这类象形文字形成的含义隽永的语言是异常难以结构的，比如"以前没钱买华为，现在没钱买华为！"的玄妙不读两遍连中国人都看不懂。什么时候人工智能可以中英文自动切换通过图灵测试才是非常惊奇的。

自动驾驶是目前人工智能的研究热点，包括谷歌、百度等都在研究，依靠人工智能、视觉计算、雷达、监控装置和全球定位系统协同合作，让计算机可以在没有任何人类主动的操作下，自动安全地操作机动车辆。自动驾驶的难点在图像识别、运动物体捕捉、地理定位、人工智能应对策略。谷歌的无人驾驶汽车发生了几次事故，但都无责，直到在有一次并线过程中，对方没有让行导致撞车，导致了首次谷歌无人车的责任事故。这个例子非常明确地表明了线性逻辑在决策过程中严密且迂腐的特征。另外，特斯拉的一起严重事故也说明了当图像识别系统无法识别天空和货柜车的白色涂装时，可能将给驾驶员造成生命危险。总体而言，自动驾驶是前途光明但难度不小的，这是真正的人工智能无人车、无人机、无人武器平台的技术基础。

第二节　数据挖掘的标准流程

跨行业标准数据挖掘流程（Cross-Industry Standard Process for Data Mining，CRISP-DM）是公认的、较有影响的数据挖掘方法论之一，在 1996 年由新兴的数据挖掘市场上的三个老牌公司戴姆勒克莱斯勒、SPSS 和 NCR 创建。另一个著名的数据挖掘流程是 SEMMA，主要由 SAS 公司提出。

CRISP-DM 流程（图 7-1）主要分为商业理解、数据理解、数据准备、建立模型、模型评估和结果发布六个步骤。如果顺利，按照顺序执行即可完成一次完整的数据挖掘应用，但有三个点可能涉及返工。在数据理解过程中如果发现数据无法满足业务定义，就需要重新进行商业理解；初步建模后发现模型效果不能满足要求，往往需要重新进行数据准备，重整数据、增加新的实例或属性；如果模型没有通过评估，则需要重新进行商业理解，这是一个数据挖掘项目的最大风险。图7-2是各个步骤的具体工作。

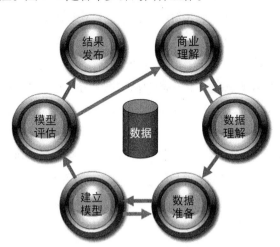

图 7-1　CRISP-DM 流程

商业理解	数据理解	数据准备	建立模型	模型评估	结果发布
•确定商业目标	•收集原始数据	•选择数据	•选择建模技术	•评估结果	•计划发布
•形势评估	•描述数据	•清洗数据	•产生检验设计	•复核流程	•计划监测和维护
•确定数据挖掘目标	•探索数据	•构造数据	•建立模型	•确定下一步工作	•生成最终报告
•制订项目计划	•检查数据	•整合数据	•评估模型		•项目回顾
		•格式化数据			

图 7-2　CRISP-DM 详细流程内容

1. 商业理解（Business Understanding）

商业理解是以企业的业务问题解决方案为核心，理解项目的目标和要求并转化为数据挖掘问题，确定数据挖掘目标，制订出初步项目实施计划，包含确定商业目标、形势评估、确定数据挖掘目标和制订项目计划四个步骤。

（1）确定商业目标：确定商业目标的过程包括描述项目背景，客户需要达到的主要目标，从业务运作、实施和价值层面来衡量项目成功或有用的、可测量的标准。背景分析包括确定项目负责人和联络人，收集项目背景信息，确定问题领域。商业目标包括检查目前的状态和先决条件，确定项目成果的提供方式和目标群体，确认需求和预期，描述当前该问题的解决方案。商业成功标准包括详细说明商业成功标准，明确谁负责评估成功的标准。

（2）评估形势：评估形势是尽可能地寻找和确定出与数据挖掘项目有关的资源、约束、假设和在决定数据分析目标及项目计划中应该予以考虑的其他因素。具体的操作步骤包括列出调研计划、座谈计划等，调研的数据源、信息源、软硬件、人力规划，通过座谈、文案调查、电话、电子邮件等沟通方式，建立术语表，理解和熟悉业务语言和数据挖掘语言，建立统一的语言，估算收集数据的工作量和成本、解决方案的成本、项目的各种收益，如果要建立系统则要估算运营成本。

（3）确定数据挖掘目标：用数据挖掘专业术语来表达，确定数据挖掘目标的过程就是将业务语言定义的项目需求翻译成数据挖掘语言定义的项目需求的过程。在这个过程中需要与业务专家、数据挖掘专家交流学习，详细说明数据挖掘问题所属的技术类型，如聚类、分类、关联规则还是其他。

（4）制订项目计划：该计划主要包括项目计划、工具和技术的初始评估两个方面。要详细列出各个步骤、时间安排的甘特图、需要的资源、投入／产出、所依赖的条件，对可能用到的工具和技术如何使用做初始考察，描述对工具和技术的具体要求。

以基于分类技术的预测模型为例，商业理解过程就是回答以下问题：

■ 什么业务发展不好，需要进行客户预测？

■ 在目前没有预测模型的情况下，如何评价目前的工作？

■ 做了预测模型之后，会带来哪些改进，得到哪些收益？

■ 预测模型会带来哪些成本，影响哪些部门，有多少工作量？

■ 预测模型的技术术语如何理解？

■ 数据挖掘专家如何了解我们的业务内涵？

■ 预测模型有哪些风险，各自的可能性有多大？

2. 数据理解（Data Understanding）

数据理解始于原始数据的收集，然后是熟悉数据、识别和标注数据质量问题、探索数据，发现有深层含义的数据子集以形成对隐藏信息的假设，包含收集原始数据、描述数据、探索数据和检查数据四个步骤。

这部分流程其实是从商业到数据解读的过程，严格地说，还没有进入数据预处理阶段，只是数据的采集和质量检测。其核心是研究现有的数据是否可以解决商业理解过程中提出的那些关键问题。

3. 数据准备（Data Preparation）

数据准备阶段包括所有从未原始加工的数据中构造出要嵌入建模工具中的数据集的活动，包含选择数据、清洗数据、构造数据、整合数据和格式化数据五个步骤。

本步骤主要就是数据预处理，有效地完成 ETL 过程，提升数据质量，将分散的数据整合和清洗成一张数据挖掘软件可处理的宽表。

4. 建立模型（Modeling）

建立模型阶段的任务是选择和应用各种建模技术，同时对它们的参数进行校准以达到最优值，包含选择建模技术、产生检验设计、建立模型和评估模型四个步骤。

建模过程不仅仅是把宽表往数据挖掘软件里一导入就万事大吉，非常重要的操作是调整参数以获得较优的模型。同时，选择变量也是非常值得仔细研究的，这涉及前面章节提到的维度归约等技术。

5. 模型评估（Evaluation）

模型评估阶段的主要任务就是评价模型在多大程度上满足了项目的商业目标，并且努力寻求商业理由以解释模型的欠缺，包含评估结果、复核流程和确定下一步工作三个步骤。

评估决定了当前模型的命运，没通过评估只能面临返工。评估的过程主要是业务专家来评判，他们不会考虑技术细节，而仅仅从商业上的可用性角度提出自己的结论。

6. 结果发布（Deployment）

战略部署阶段的任务是将获得的知识进行组织并以委托方能够使用的方式呈现出来，包含计划发布、计划检测和维护、生成最终报告和项目回顾四个步骤。

进入发布流程的数据挖掘应用是成功的。但是，任何模型都不是一成不变的，模型的更新、维护和实际部署（如营销派单），意味着模型的发布仅仅是营销流程的开始，最终的效果还需要营销结果来检验。

第三节　主要模型介绍

目前，数据挖掘技术可说是百花齐放、各显神通，按照权威媒体刊载的一些文章来说，总体包括如下十大算法，或者说十大技术流派：

（1）决策树（Decision Tree）：决策树是一种十分常用的"分类"方法。在机器学习中，决策树是一个预测模型，它代表的是对象属性与对象值之间的一种映射关系。信息熵即系统的凌乱程度，著名算法 ID3、C4.5 和 C5.0 生成树算法使用基于熵差的信息增益来完成。决策树是一种树形结构，其中每个内部节点表示一个属性上的测试，每个分支代表一个测试输出，每个叶节点代表一种类别。决策树是一种有监督学习，给定一堆样本，每个样本都有一组属性和一个类别，这些类别是事先已知的，通过学习得到一个分类器，这个分类器能够对新出现的对象给出正确的分类。

（2）朴素贝叶斯分类（Naïve Bayes Classification）：朴素贝叶斯分类器基于一个简单的假定"给定目标值时属性之间相互条件独立"。朴素贝叶斯分类器发源于古典数学理论，有着坚实的数学基础以及稳定的分类效率。同时，模型所需估计的参数很少，对缺失数据不太敏感，算法也比较简单。在理论上，该模型与其他分类方法相比具有最小的误差率。但实际上并非如此，这是因为该模型假设属性之间相互独立，这个假设在实际应用中往往是不成立的。

（3）普通最小二乘回归（Ordinary Least Squares Regression）：回归是指研究一组随机变量和另一组变量之间关系的统计分析方法，通常前者是因变量，后者是自变量。基于普通最小二乘法的回归分析是一种数学模型，利用最小二乘法来估计最佳的拟合曲线，从而对新的数值进行预测。当函数为参数未知的线性函数时，称为线性回归分析模型；当函数为参数未知的非线性函数时，称为非线性回归分析模型。当自变量个数大于 1 时称为多元回归；当因变量个数大于 1 时称为多重回归。

（4）逻辑回归（Logistic Regression）：逻辑回归是一种特殊的广义线性回

归分析模型，通常用于分类器的构造。逻辑回归的因变量既可以是二分类的，也可以是多分类的，但是二分类的更为常用，也更加容易解释。逻辑回归的实质是发生概率除以没有发生概率再取对数，就是这个不太烦琐的变换改变了取值区间的矛盾和因变量与自变量之间的曲线关系。究其原因，是发生和未发生的概率成为比值，这个比值是一个缓冲，将取值范围扩大，再进行对数变换，整个因变量因此而改变。不仅如此，这种变换往往使得因变量和自变量之间呈线性关系，这是根据大量实践而总结出来的。逻辑回归模型大量应用于互联网企业的推荐系统，用来做点击通过率（CTR）预测。

（5）支持向量机（Support Vector Machines）：在机器学习中，支持向量机是与相关的学习算法有关的监督学习模型，可以分析数据、识别模式，用于分类和回归分析。支持向量机将向量映射到一个更高维的空间里，在这个空间里建立一个最大间隔超平面。在分开数据的超平面的两边建立两个互相平行的超平面。建立方向合适的分隔超平面，使两个与之平行的超平面间的距离最大化。其假定为，平行超平面间的距离或差距越大，分类器的总误差越小。除了进行线性分类，支持向量机还可以使用所谓的核函数，它们的输入隐含映射成高维特征空间中有效地进行非线性分类。不同的核函数，就对应了不同的支持向量机算法。

（6）组合方法（Ensemble Methods）：所谓组合方法，就是把几种机器学习的算法组合到一起，或者把一种算法的不同参数组合到一起。组合方法基本上分为如下两类：第一类方法称为 Averaging Methods（平均方法），就是利用训练数据的全集或者一部分数据训练出几个算法或者一个算法的几个参数，最终的算法是所有这些算法的算术平均。比如 Bagging Methods（装袋算法）、Forest of Randomized Trees（随机森林）等。其原理比较简单，主要的工作在于训练数据的选择，比如是不是随机抽样，是不是有放回，选取多少数据集，选取多少训练数据。后续的训练就是对各个算法的分别训练，然后进行综合平均。这种方法的基础算法一般会选择很强、很复杂的算法，然后对其进行平均，因为单一的强算法很容易就导致过拟合（overfit）现象，而经过聚合之后就消除了这种问题。第二类方法称为 Boosting Methods（提升算法），就是利用一个基础算法进行预测，然后在后续的其他算法中利用前面算法的结果，重点处理错误数据，从而不断地减少错误率。其动机是使用几种简单的弱算法来达到很强大的组合算法。所谓提升，就是把"弱学习算法"提升（boost）

为"强学习算法"，是一个逐步提升、逐步学习的过程，在某种程度上说和神经网络有些相似性。经典算法比如 AdaBoost（自适应提升）和 Gradient Tree Boosting（GBDT）。这些方法一般会选择非常简单的弱算法作为基础算法，因为会逐步提升，所以最终的几个会非常强。

（7）聚类算法（Clustering Algorithms）：俗话说"物以类聚，人以群分"，在自然科学和社会科学中，存在着大量的分类问题。所谓类，通俗地说，就是指相似元素的集合。聚类分析起源于分类学，在古老的分类学中，人们主要依靠经验和专业知识来实现分类，很少利用数学工具进行定量的分类。随着人类科学技术的发展，对分类的要求越来越高，以致有时仅凭经验和专业知识难以确切地进行分类，于是人们逐渐地把数学工具引用到了分类学中，形成了数值分类学，之后又将多元分析的技术引入到数值分类学形成了聚类分析。聚类分析内容非常丰富，有系统聚类法、有序样品聚类法、动态聚类法、模糊聚类法、图论聚类法、聚类预报法等。

（8）主成分分析（Principal Component Analysis）：它是一种可用于维度归约的统计方法。首先是由 K·皮尔逊（Karl Pearson）对非随机变量引入的，而后 H·霍特林将此方法推广到随机向量的情形。信息的大小通常用离差平方或方差来衡量。通过正交变换将一组可能存在相关性的变量转换为一组线性不相关的变量，转换后的这组变量称为主成分。在实际课题中，为了全面分析问题，往往提出很多与此有关的变量（或因素），因为每个变量都在不同程度上反映这个课题的某些信息。

（9）奇异值分解（Singular Value Decomposition）：它是线性代数中一种重要的矩阵分解，是矩阵分析中正规矩阵酉对角化的推广，在信号处理、统计学等领域有重要应用。奇异值分解在统计中的主要应用为主成分分析（PCA），这种数据分析方法，用来找出大量数据中所隐含的"模式"，它可以用在模式识别、数据压缩等方面。

（10）独立成分分析（Independent Component Analysis）：它最早应用于盲源信号分离（Blind Source Separation）。独立成分分析起源于"鸡尾酒会问题"，描述如下：在嘈杂的鸡尾酒会上，许多人在同时交谈，可能还有背景音乐，但人耳却能准确而清晰地听到对方的话语。这种可以从混合声音中选择自己感兴趣的声音而忽略其他声音的现象称为"鸡尾酒会效应"。独立成本分析方法最早是由法国的 J.Herault 和 C.Jutten 于 20 世纪 80 年代中期提出来的。与主成分分析假设源信号间彼此非相关不同，独立成分分析假设源信号间彼此独立；主成分分析认为主元之间彼此正交，样本呈高斯分布，独立成分分析则不要求。

当然，以上十种技术是一家之言，例如漏掉了著名的关联规则（Association Rules），本章会重点介绍回归（包括逻辑回归）、聚类、分类和关联规则四大常用技术。

第四节　回归：最似然估计

回归从本质上来说是一种统计分析技术，但也经常被归入数据挖掘方法。我们知道，一个标准的线性方程 $y=ax+b$ 代表了一条直线，那么当一系列的 x 和 y 出现的时候，我们要求出 a 和 b，这些不同的观测值组成的方程就存在矛盾，会得出多个 a 和 b 的结论。那么，如何根据一系列满足同分布的因变量和自变量观测值来准确估计参数呢？这种方法就是经典的最小二乘法。

英国生物学家、统计学家道尔顿在研究父亲和儿子身高的相关性时根据 1 000 多个家庭的调查结果绘制了散点图，并计算出了具体的规律 $y=0.516x+84.33$，这个规律是其中 y 和 x 分别是儿子和父亲的身高，它在 1889 年发表了论文《普用回归定律》，其中"回归"的意思是说儿子的身高反映了父系身高的特点，是一种遗传上的回归。

为了得出一个标准的线性方程，第一，要利用 1000 多组数据，这样才能全面反映规律；第二，自变量和因变量到底是什么关系，是线性的还是非线性的，是一次的还是二次的，这需要用散点图来观测；第三，判断最优的参数估计需要一个"好"的准则。最难的是第三点，一般地，从统计分析出发，"最好"指的是找一条直线（如果适合线性模型），使得这些点到该直线的纵向距离的平方和最小。按照这个原则得出的直线的参数，就是最小二乘法。这样一个回归模型的"三要素"都具备了：大量的样本、准确的曲线判断和最优准则，基于最优准则对所判断的曲线（直线是特殊的曲线）的大量样本进行计算，可以得出回归模型的参数估计，完成建模任务。

回归一般分为线性、非线性和一元、多元。回归函数为线性函数的是线性回归，函数为非线性（如二次函数、三次函数、幂指数、指数等）则为非线性函数。只有一个自变量的情况称为一元回归，大于一个自变量情况的称为多元回归。但笔者认为，应当首先分为普通回归和逻辑回归。这是因为，与线性回归不同，逻辑回归的因变量是离散的而不是连续的，一般用于构造分类器，而普通回归多用于连续变量的预测。从本质上来说，预测和分类并不完全是一回事：分类是定性结论，而预测是定量结论。

第五节　聚类：回归本质

按照标准定义，将物理或抽象对象的集合分成相似的对象类的过程称为聚类（图 7-3）。"物以类聚，人以群分"，聚类是一种非常自然的划分方式，但是很遗憾，对于 Clustering 的翻译并不够传神，翻译成"聚簇"貌似更佳，因为太多的初学者搞不清楚聚类和分类，而两者都是对数据集的划分。

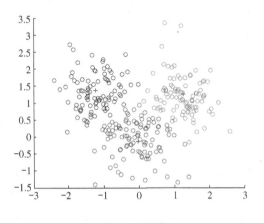

图 7-3　聚类

簇（Cluster）是数据对象的集合。聚类就是把全集中的所有数据对象，按照某种方法，即聚类算法，划分成若干个簇的过程。聚类最关键的要求，就是簇内相似、簇间相异：对象与同一个簇中的对象彼此相似，而与其他簇中的对象相异。

聚类是一种典型的无监督学习技术，并没有事先定义好的簇。要控制聚类模型输出的结果，只能通过调整输入的属性和算法参数来实现。

聚类方法的分类如下：

（1）划分法（Partitioning Methods），给定一个有 N 个元组或者记录的数据集，对于给定的 K，首先给出初始的划分方法，通过反复迭代，使得每次迭代的结果都更好。使用这个基本思想的算法有 K-Means 算法、K-Medoids 算法、CLARANS 算法。划分法是最常用的，关键点是距离函数，不同的距离函数等价于不同的聚类算法。

（2）层次法（Hierarchical Methods），这种方法对给定的数据集进行层次式的分解，直到某种条件满足为止。它具体又可分为"自底向上"和"自顶向下"两种方案。其代表算法有 BIRCH 算法、CURE 算法、Chameleon 算法等。

（3）基于密度的方法（Density-based Methods），基于密度的方法与其他方法的一个根本区别是：它不是基于各种各样的距离的，而是基于密度的。其代表算法有 DBSCAN 算法、OPTICS 算法、DENCLUE 算法等。基于密度的聚类算法有一个巨大的优势，即可以发现任意形状的簇，这在某些特殊应用场景下成为唯一可行的聚类方法。

（4）基于网格的方法（Grid-based Methods），这种方法首先将数据空间划分为有限个单元（cell）的网格结构，所有的处理都是以单个的单元为对象的。其代表算法有 STING 算法、CLIQUE 算法、Wave-Cluster 算法。基于网格的算法的最大优势是计算速度快，缺点是误差相对较大。

（5）基于模型的方法（Model-based Methods），基于模型的方法给每一个聚类假定一个模型，然后去寻找能够很好地满足这个模型的数据集。通常有两种尝试方向：统计的方案和神经网络的方案。

衡量聚类模型质量的标准主要有如下三点：

①一个好的聚类方法能产生高度的簇内相似、簇间相异的簇划分结果。

②聚类结果的质量取决于使用的相似性度量方法及其实现。

③聚类方法的质量取决于发现部分或全部隐藏模式的能力。

各种聚类算法都涉及一个关键的问题——距离函数，即衡量两个实例之间的距离，体现对象之间的相似性与相异性，下面我们介绍最常用的欧氏距离和曼哈顿距离。

如图 7-4 所示，欧氏距离计算（1，2）和（3，5）两个点的距离是 3.61，而曼哈顿距离则是 5。在绝大多数情况下欧氏距离是主流，而曼哈顿距离在变量间相关性较小时具有更好的性能，其计算速度也更快，在要求计算速度的场景下是首选。值得一提的是，闵可夫斯基距离是欧氏空间中的一种

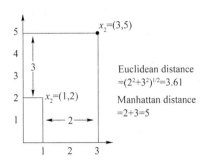

图 7-4 欧氏距离与曼哈顿距离

测度，被看作是欧氏距离的一种推广。当闵可夫斯基距离测度 $p=1$ 时，即为曼哈顿距离；当 $p=2$ 时，即为欧氏距离；当 $p \to \infty$ 时，即为切比雪夫距离。

评价聚类方法的标准如下：

（1）可伸缩性：即算法效果随着数据量规模发生变化的情况。有些算法在小样本量的条件下性能很好，但是样本量增大后，算法性能显著下降。

（2）高维性：即算法随着属性个数增长时性能劣化的情况。同样，有些算法只擅长处理低维数据。

（3）发现任意形状的聚类：一个簇可能是任意形状的，但一般的聚类算法是基于欧氏距离和曼哈顿距离度量实现聚类，更趋于发现球状簇。

（4）处理噪声数据的能力：噪声数据可能是数据本身不完整，也可能是孤立点数据（Outlier）。基于密度的聚类算法能自动过滤噪声数据，在这一点上具有明显优势。

（5）用于决定输入参数的领域知识最小化和输入记录顺序敏感性：一方面要求降低算法对输入参数的敏感程度，另一方面要求输入记录顺序对算法的结果影响小。在实际应用中，这两点决定了算法部署的可行性。

（6）可解释性和可用性：在知识发现过程中，聚类结果总是表现为一定的知识，这就要求聚类结果可解释、易理解。这与可视化密切相关，同时也与实

际应用有关。

最后，我们学习一个最基本的聚类算法，基于划分的 K-Means 算法。

输入：n 个数据的数据集合和已知的簇个数 k。

输出：n 个数据各属于 k 个簇中哪个簇的信息。

算法步骤：

1）任意从 n 个数据中选择 k 个数据作为初始的簇中心；

2）将剩余的 $n-k$ 个数据按照一定的距离函数划分到最近的簇；

3）repeat（重复）；

4）按一定的距离函数计算各个簇中数据的各属性平均值，作为新的簇中心；

5）重新将 n 个数据按照一定的距离函数划分到最近的簇；

6）直到簇的中心不再变化。

第六节　分类：与预测不同

分类的目的是获得一个分类函数或分类模型（也常常称为分类器），该模型能把数据集的实例映射到某一个给定类别。首先要声明的是，分类和预测是不同的，分类与聚类也是两回事。分类是给出分类标号，这种标号是离散且无序的；而预测则建立连续值函数模型。我们知道，聚类是无监督的学习，相应地，分类则是有监督的学习。

对于有监督的学习，存在数据集的一些概念，分别称为训练集、测试集和应用集。训练集和测试集之和是历史上某个周期的数据（比如 2016 年 12 月），而应用集是下一个周期的数据（比如 2017 年 1 月）。训练集和测试集的切分比例一般是 2：1 或 3：1，训练集比测试集大的好处是模型相对稳定：由于测试集是同一周期内的数据，周期间的特征变化可以忽略不计，是比较理想的测试场景。注意，切分训练集和测试集必须采用随机抽样的方法，如果随机性保证不了，则模型很难成功。

所谓有监督学习，就是给定一定量的样本，每个样本都有一组属性和一个类别，这些类别是事先确定的，通过学习过程得到一个分类器，这个分类器能够对新出现的对象给出正确的分类。

在训练集和测试集构成的历史周期数据中是存在类标号的，在训练集上运行分类算法构造好了分类器之后，在测试集上进行交叉测试，达到预期性能后再进行可用性测试。可用性测试是一种实战性质的操作，在下一周期数据也就是应用集上运行，通过下一周期实际的反馈结果来评定模型的准确性和健壮性。如果应用集上的准确率和测试集上的准确率非常接近，那么健壮性就很优秀，反之如果准确率太低，则提示测试集过拟合，关于过拟合将在本章第八节详细讨论。

分类的评价标准如下：

■ 分类的正确性：分类器可以根据分类的结果构造混淆矩阵，从而计算准确率，分类的准确率应尽可能高。

■ 时间：构造分类器的时间开销，越短越好。

■ 健壮性：应用集上的准确率与测试集上的准确率越接近越好。

■ 可扩展性：当数据规模明显增大时，算法的复杂度是否过高。

■ 可操作性：规则集的明确性越高，混淆性越低则越好，如决策树的叶子类别分布非常纯粹。

■ 规则的优化：随着时间的推移，规律逐渐变化，分类器性能会劣化，规则的优化、模型的更新非常重要。

分类器的形式有很多种，下面介绍比较常用的五种，可以囊括目前所有的主流商业软件包括的技术。

1. 决策树

决策树（图 7-5）归纳是一种经典的分类算法。它采用自顶向下、递归的、各个击破的方式构造决策树。树的每一个节点上使用信息增益度量选择属性，可以从所生成的决策树中提取出分类规则，其中每个内部节点表示一个属性上的测试，每个分支代表一个测试输出，每个叶节点代表一种类别。

2. 最近邻（K-NN）

所谓 K 最近邻（图 7-6），就是 K 个最近邻居，意思是每个样本都可以用它最接近的 K 个邻居来代表。K-NN 算法的核心思想是如果一个样本在特征空间中的 K 个最相邻的样本中的大多数属于某一个类别，则该样本也属于这

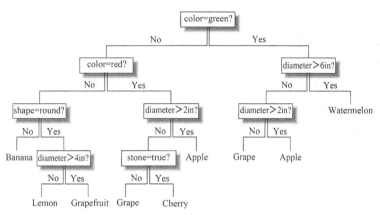

图 7-5　决策树

个类别，并具有这个类别样本的特性。该方法在确定分类决策上只依据最邻近的一个或者几个样本的类别来决定待分样本所属的类别。

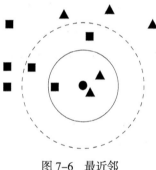

图 7-6　最近邻

由于 K-NN 方法主要靠周围有限的邻近的样本，而不是靠判别类域的方法来确定所属类别，因此对于类域的交叉或重叠较多的待分样本集来说，K-NN 方法较其他方法更为适用。

3. 神经网络

主要是 Kohonen 算法。Kohonen 网络的功能就是通过自组织方法，用大量的样本训练数据来调整网络的权值，使得最后网络的输出能够反映样本数据的分布情况。

Kohonen 自组织神经网络的结构如图 7-7 所示：

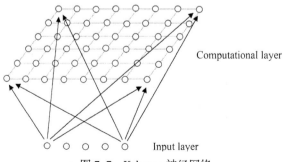

Computational layer

Input layer

图 7-7　Kohonen 神经网络

■ 网络上层为输出节点（假设为 m 个），按二维形式排成一个节点矩阵。

■ 输入节点处于下方，若输入向量由 n 个元素，则输入端共有 n 个节点。

■ 所有输入节点到输出节点都有权值连接，而在二维平面的输出节点相互间也可能有局部连接。

4. 支持向量机

支持向量机（Support Vector Machine，SVM）是 Corinna Cortes 和 Vapnik 等于 1995 年首先提出的，它在解决小样本、非线性及高维模式识别中表现出许多特有的优势，并能够推广应用到函数拟合等其他机器学习问题中。

SVM 的关键在于核函数。低维空间向量集通常难于划分，解决的方法是将它们映射到高维空间。但这个办法带来的困难就是计算复杂度的增加，而核函数正好巧妙地解决了这个问题。也就是说，只要选用适当的核函数，就可以得到高维空间的分类函数。在 SVM 理论中，采用不同的核函数将导致不同的 SVM 算法。SVM 最优分类平面如图 7-8 所示。

5. 逻辑回归

Logit 模型（Logit model，也译作"评定模型""分类评定模型"，又作 Logistic Regression，译作"逻辑回归"）是离散选择法模型之一。逻辑回归模型如图 7-9 所示。

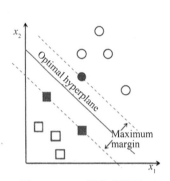

图 7-8　SVM 最优分类平面

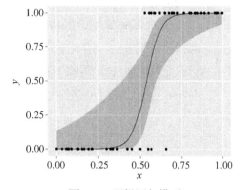

图 7-9　逻辑回归模型

逻辑回归模型（LR）的特点如下：

■ 二元分类，这是因为模型只有一个分类平面（一条 S 曲线）；

■ 计算速度快，因为只需要算 S 曲线的拐点位置；

■ 模型的不同点在于曲线拐点的位置。

下面我们探讨一下最简单的决策树算法 ID3。

ID3 使用信息增益作为属性选择度量，设节点 N 代表或存放划分 D 的元组，选择具有最高信息增益的属性作为节点 N 的分裂属性。该属性使结果划分中的元组分类所需的信息量最小。信息增益定义为原来的信息需求（即仅基于类比例）与新的需求（即对 A 划分之后得到的）之间的差，即：$Gain(A) = Info(D) - info_A(D)$。

换言之 $Gain(A)$，告诉我们通过 A 划分得到了多少，它是知道 A 的值而导致的信息需求的期望减少。选择具有最高信息增益 $Gain(A)$ 的属性 A 作为节点 N 的分裂属性。这等价于按能做"最佳分类"的属性划分，使得完成元组分类还需要的信息最少。以一个实例说明，表 7-1 是 14 天的打网球记录，通过天气、温度、适度和风力来预测是否打了网球。

表 7-1　打网球记录

Day	Outlook	Temperature	Humidity	Wind	PlayTennis
D1	Sunny	Hot	High	Weak	No
D2	Sunny	Hot	High	Strong	No
D3	Overcast	Hot	High	Weak	Yes
D4	Rain	Mild	High	Weak	Yes
D5	Rain	Cool	Normal	Weak	Yes
D6	Rain	Cool	Normal	Strong	No
D7	Overcast	Cool	Normal	Strong	Yes
D8	Sunny	Mild	High	Weak	No
D9	Sunny	Cool	Normal	Weak	Yes
D10	Rain	Mild	Normal	Weak	Yes
D11	Sunny	Mild	Normal	Strong	Yes
D12	Overcast	Mild	High	Strong	Yes
D13	Overcast	Hot	Normal	Weak	Yes
D14	Rain	Mild	High	Strong	No

计算结果如图 7-10 所示，G_{ain}（S，Temperature）=0.029，G_{ain}（S，Outlook）=0.246，所以第一个分裂属性应该是 Outlook。

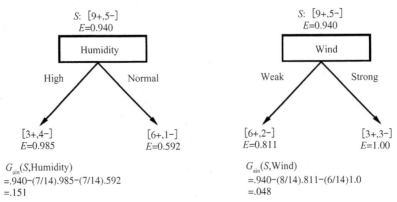

图 7-10　第 1 层计算结果

如图 7-11 所示，Outlook 的下一级节点中 Sunny 和 Rain 节点仍然需要进一步分裂，分别计算剩余的温度、湿度和风力三个变量的信息增益，取最大的值作为分裂属性，以此类推；而 Overcast 节点已经不需要分裂，直接判决为 Yes 类即可。

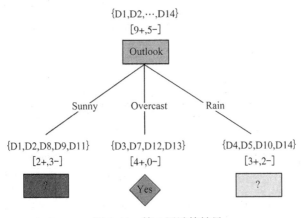

图 7-11　第 2 层计算结果

第七节 关联规则：焕发活力

关联规则表示了项之间的关系。"项"代表某个事件，例如某种购买行为，｛cereal，milk｝⟹ fruit（买谷类食品和牛奶的人也会买水果）。根据以上规则，商店可以把牛奶和谷类食品作特价品以使人们买更多的水果。关联规则的最主要应用就是购物篮分析。例如，有如表 7-2 所示的购物清单，是否可以假定"Chips⟹Salsa，Lettuce⟹Spinach"？

表 7-2 货篮

Person	Basket
A	Chips, Salsa, Cookies, Crackers, Coke, Beer
B	Lettuce, Spinach, Oranges, Celery, Apples, Grapes
C	Chips, Salsa, Frozen Pizza, Frozen Cake
D	Lettuce, Spinach, Milk, Butter

通常，数据包含如下项目：

TID（事务 ID）	Basket：项的子集

关联规则就是在事务数据库、关系数据库和其他信息库中的项或对象的集合之间，发现频繁模式、关联、相关或因果关系的结构。其中频繁模式数据库中频繁出现的模式如下（项集，序列等）：

- 项集：$I=\{i_1, i_2, \cdots, i_m\}$；
- 事务：$T \subseteq I$；
- 关联规则：$A \Rightarrow B$，$A \subset I$，$B \subset I$，$A \cap B = \varnothing$；
- 事务数据集（例如表 7-3）：D。

表 7-3　货篮分析

Transaction-id	Items bought
10	A，B，C
20	A，C
30	A，D
40	B，E，F

支持度 S：数据集 D 中包含 A 和 B 的事务数与总的事务数的比值。规则 $A \Rightarrow B$ 在数据集 D 中的支持度为 S，其中 S 表示 S 中包含 "$A \cup B$"（即同时包含 A 和 B）的事务的百分率。

$$S(A \Rightarrow B) = \frac{\|\{T \in D \mid A \cup B \subseteq T\}\|}{\|D\|}$$

可信度（置信度）C：数据集 D 中同时包含 A 和 B 的事务数与只包含 A 的事务数的比值。规则 $A \Rightarrow B$ 在数据集 D 中的可信度为 C，其中 C 表示 D 中包含 A 的事务中也包含 B 的百分率，即可用条件概率 $P(B \mid A)$ 表示。

$$C(A \Rightarrow B) = \frac{\|\{T \in D \mid A \cup B \subseteq T\}\|}{\|\{T \in D \mid A \subseteq T\}\|}$$

关联规则根据以下两个标准判断是否成立：

最小支持度：表示规则中的所有项在事务中出现的频度。设定最小支持度的意义是，保证每个待分析的项都是具有一定规模的。再可信的规律，如果支持度太小，也不具备示范效应，小众的忠诚选择不能成为显著的规律。

最小可信度：表示规则中左边的项（集）的出现暗示着右边的项（集）出现的频度。如果支持度很高，但可信度太低，这样的规律也是无效的，因为这样的营销方案其预期的接受率太低。

关联规则算法的两个基本步骤如下：

（1）找出所有的频繁项集：满足最小支持度。

（2）找出所有的强关联规则：由频繁项集生成关联规则，保留满足最小可信度的规则。

定理（Apriori 性质）：若 A 是一个频繁项集，则 A 的每一个子集都是一个频繁项集。这个定理是关联规则的核心，其中心思想是由频繁（$k-1$）项集构

建候选 k 项集。

其方法如下：

①找到所有的频繁"1-"项集。

②扩展频繁"$(k-1)$-"项集得到候选"$k-$"项集。

③剪除不满足最小支持度的候选项集。剪枝原理是，若任一项集是不频繁的，则其超集不应该被生成/测试。

尽管经典的 Apriori 算法非常有效，但随着数据量的增大仍然有不少挑战，如多次扫描事务数据库、巨大数量的候选项集、繁重的计算候选项集的支持度工作等，其改进的主要思路包括减少事务数据库的扫描次数、缩减候选项集的数量和使候选项集的支持度计算更加方便。图 7-12 是一个 Apriori 算法的实例。

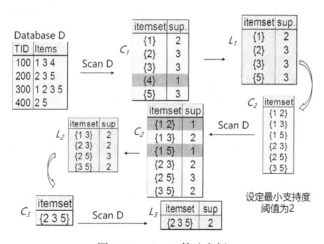

图 7-12　Apriori 算法实例

第八节　过拟合与适用性：
平衡精确与健壮

数据挖掘模型多种多样，仅聚类算法就有成千上万种，如何选择算法是一个令人头疼的问题。如果使用商业软件，算法则被限制为有限的几种，好坏都是它们了。但是，如果使用自己的代码，就可以随意翱翔在数据挖掘的天空中了，这也是资深的数据挖掘工程师很少使用商业数据挖掘软件的原因。

选择算法的过程非常痛苦，算法是无辜的，没有好坏之分，只有适用与不适用。如果我们发现簇的形状是不规则的，那么显然基于密度的聚类算法DBSCAN 效果要好于基于划分的 K-Means。算法的适用性主要取决于两个因素：一个是技术人员对算法特点的把握，是否了解足够多的技术，是否了解每个子类算法的特征和每个特定算法的优劣势；另一个是业务人员到底对算法的性能提出了什么具体的框架性要求，是要做预测还是分类，是有监督的还是无监督的，准确率要求达到多高等。但是，一般而言，数据挖掘工程师和业务专家缺乏统一的沟通语言，因此，如果项目组里拥有懂业务的工程师或掌握数据挖掘的业务人员是非常完美的。

适用性不仅是模型的精度，还有一个很重要的因素是健壮性。有些模型，尤其是有监督的分类模型，健壮性不高，甚至会产生过拟合。在健壮性不高的情况下，需要找出测试集与应用集的关键影响因素，如各类的分布是否变化，关键的分类属性是否变化，内在的规律是否变化，如果规律变化了，则需要更新模型来规避风险。而过拟合则是测试集的准确率过于高估了。当模型的复杂度提升，过拟合的风险也逐步提升。

想象某种学习算法产生了一个过拟合的分类器，这个分类器能够百分之百地正确分类样本数据。为了能够对样本完全正确地分类，这个分类器被构造得如此精细复杂，规则如此严格，以至于对任何与样本数据稍有不同的样本，它全都认为不属于这个类别。在这种情况下，当应用集和测试集确实存在一些变化，哪怕是一些随机的变化，也会造成巨大的错误率。

第八章

SAP Predictive
Analytics：简单为王

数据挖掘的软件颇多，大体分为商业软件和开源软件两类。图 8-1 是 TOP15 的开源软件，其中最有名气的是 Orange、Weka、Rattle GUI、Apache Mahout 和 SCaViS。而主流的商业软件无非是三巨头，即 SAS Enterprise Miner、IBM PASW Modeler（前 Clementine）和 SAP BusinessObjects Predictive Analytics（前 KXEN）。

我们先简单介绍一下最著名的开源软件 WEKA 以及这三大商业软件，并在本章各节介绍 SAP 数据挖掘软件的实际操作。

图 8-1　TOP15 开源数据挖掘软件

图 8-2　WEKA

WEKA 的全名是怀卡托智能分析环境（Waikato Environment for Knowledge Analysis），是一款免费的、非商业化的基于 Java 环境下开源的机器学习以及数据挖掘软件。WEKA 是为数据挖掘任务而集成的机器学习算法汇聚平台。算法可以直接应用在数据集或者调用研究者的 Java 代码。Weka 包含了数据预处理、分类、回归、聚类、关联规则和可视化工具，也适用于研发新的机器学习方案。WEKA 软件及其源代码可在其官方网站下载。

SAS Enterprise Miner（图 8-3）作为 SAS 软件的一部分，支持 SAS 统计模块，使之具有杰出的力量和影响，它还通过大量数据挖掘算法增强了那些模块。SAS 使用它的 SEMMA（Sample/Explore/Modify/Model/Assess）方法论以提供一个能支持包括关联、聚类、决策树、神经元网络和统计回归在内的广阔范围的模型数据挖掘工具。

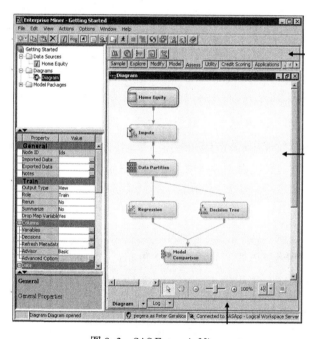

图 8-3　SAS Enterpris Miner

IBM PASW Modeler（Clementine）（图 8-4）产品线主要包含三大主要部分，它们是 PASW Modeler、PASW Modeler Server 和三大算法模块。PASW Modeler 既可作为一个桌面应用，也可以作为 PASW Modeler Server 的客户端，它包含基本的数据挖掘算法，是很好的学习应用起点。三大算法模块则主要代表了数据挖掘的三类算法家族，它们分别是分类、聚类和关联规则分析。

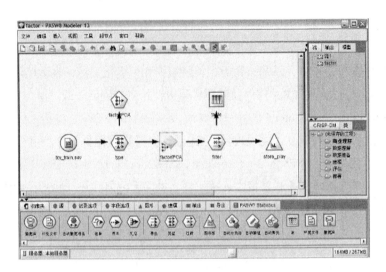

图 8-4   IBM PASW Modeler

借助 SAP Business Objects Predictive Analytics（图 8-5），可以预测和提升业务成果。借助 SAP 强大的预测分析软件，用户能够从大数据、物联网和企业现有数据源中发现隐藏的趋势和模式。该软件能够自动化预测建模流程，这样，用户就能在几分钟内完成建模，并获取有关客户、业务和市场的前所未有的洞察。

图 8-5   SAP Business Objects Predictive Analytics

第一节　基本功能介绍

SAP 公司成立于 1972 年，总部位于德国沃尔多夫市，在全球拥有 6 万多名员工，遍布全球 130 个国家，并拥有覆盖全球 11 500 家企业的合作伙伴网络。其 Analytic 产品线的 Predictive Analytics（图 8-6）产品集成了原著名数据挖掘软件 KXEN（凯森）的主要功能。目前最新版本是 2.3.1，提供 30 天免费试用版。KXEN 的最大优势在于挖掘的自动化，可以在多个并行的数据引擎中自动搜索最优的算法及其参数。

图 8-6　SAP Predictive Analytics

KXEN 的主要作者是发明了支持向量机的人工智能大师 Vapnic，其设计思想就是提供一款低门槛、容易上手的数据挖掘软件。如果其他数据挖掘软件是经典的单反相机，那么 KXEN 就是风靡全球的傻瓜式卡片相机。其他软件的操作可以写一本书，要耗费很长的时间来学习，而经过本章的学习，读者一定可以掌握 KXEN 的操作，因为它实在是太好学了。

KXEN 的主要功能包括创建分类／回归模型、创建聚类模型、创建时间序列分析、创建关联规则四项。下面以实战案例的形式分别介绍。

第二节　聚类模型

打开 KXEN 的界面，非常有趣的是，即使用户选择了简体中文版，左侧的菜单仍然是英文展示，不考虑数据预处理功能，我们直接进入"Modeler"菜单，单击"创建聚类模型"按钮，如图 8-7 所示。

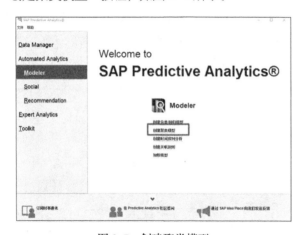

图 8-7　创建聚类模型

前文提及过，聚类（Clustering）模型是数据挖掘中最常用的技术之一，主要用于市场细分（Marketing Segmentation）。使用聚类技术的优势在于：无监督、最大程度保证聚集特征，即类内相似、类间相异。聚类模型做市场细分，相比传统的刚性切分存在很大区别，并且更为先进。

我们举例说明，比如服装业，传统的方式是按照性别和年龄进行细分，分为男装、女装，婴幼儿装、童装、青少年装、中年装、老年装等。那么，男装的目标客户是否就是男性呢？其实不然，一定存在喜欢穿女装的男人和喜欢穿男装的女人。这种按照偏好来细分市场显然是更科学的。类似地，老年人也有喜欢穿年轻潮牌的，很多小女孩穿上小男孩的衣服也是英气逼人，这叫从客户需求出发，论迹不论心。

再画一个图说明，一个田字格，假设按甲、乙两个维度进行市场细分，按照高低可分为四个象限，类似波士顿矩阵。如果客户非常完美地分布在四个象限内，每个象限都聚集成簇，簇内相似、簇间相异，那没问题。但是，如果有这样一个簇，它的成员恰好位于四个象限的交汇处，簇心就恰好是四个象限的交点，按照传统分法，这个簇是四分五裂的，而聚类算法可以有效地解决这个问题，这就是刚性划分和柔性划分的区别。

输入的数据可以选择文件／数据库表或 Data Manager 所管理的数据集。选择文本数据文件后，下一步是数据说明（图 8-8），注意大部分数据都应声明为"continuous"类型，否则会告警，存储类型为"number"更佳。经过实际测试，不采用这种配置的模型计算非常慢，这与软件采用的聚类算法是有关系的。

图 8-8　数据说明

选择变量：默认所有变量输入模型，位于"已选择解释性变量"选择框内，如图 8-9 所示。"目标变量"选择框内是有指导建模时所用的目标变量，如有监督聚类、分类模型标识变量，在聚类模型中必须设置为空。"权重变量"用于对不同用户进行加权时赋权值使用，如果不了解变量内在的含义，则不要选择。不需要进入建模的变量则应转移到"排除的变量"选择框内。

这里涉及对变量的理解问题。为了增加可解释性，理论上在业务理解和数据理解的过程中，业务人员应该指出希望看到的分群框架是如何的，准备如何应用，并且指出希望影响聚类的关键变量并给出一个排序。这并不意味着聚类变成了有监督的，这种业务上的对变量的偏好其实是应用背景的一部分。例如，对于移动用户，主要的变量是语音消费和流量消费；对于宽带用户，应该是速率和时长（或流量）。

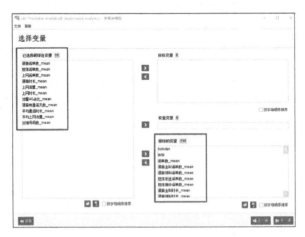

图 8-9　选择变量

参数设定：对于聚类模型，主要的输入参数是 K，即簇的个数。簇的个数的选择方法是依靠业务经验（簇的业务解释性）及技术指标（如平均簇心距离）来调整，一般设置 $K=[2，3，…，10]$，本次建模当 $K=5$ 时，模型效果较好。按经验来说，4～6 是最佳区间，1 没有意义，2 和 3 分得倒是很开，但区分度不够；7 以上分得开了，反而容易在关键变量上产生位置重叠，也不利于集中营销资源组织活动。调整参数是聚类模型的一个关键步骤，一般从 2 开始逐渐增加到 10，或者反之，从 10 开始逐渐减小到 2，直到选出解释性较好且区分度较高的模型。选择参数界面如图 8-10 所示。

模型概览：模型建立后的第一个输出是模型概览（图 8-11）。模型概览的内容包括模型的基本信息、各个簇的前三个关键解释性变量与总体的分布差异对比图。

业务分析：在选出较优的模型之后，要进行业务的分析，包括业务使用量、使用行为特征和费用特征。如图 8-12 所示，根据关键的两个展示变量语音时长和上网流量，可以初步判断 5 个主要簇的特征类型，并分别命名为低使

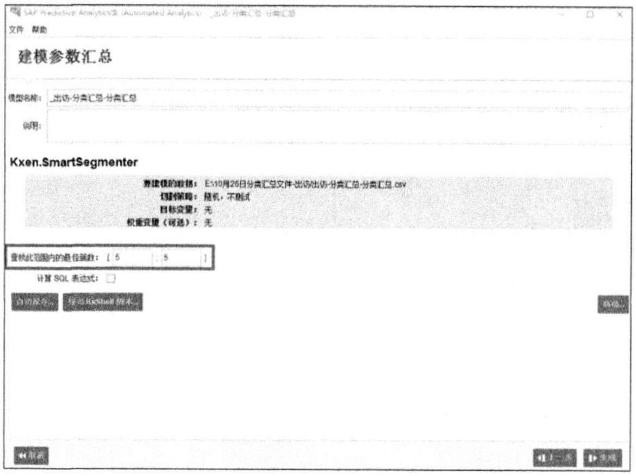

图 8-10　选择参数

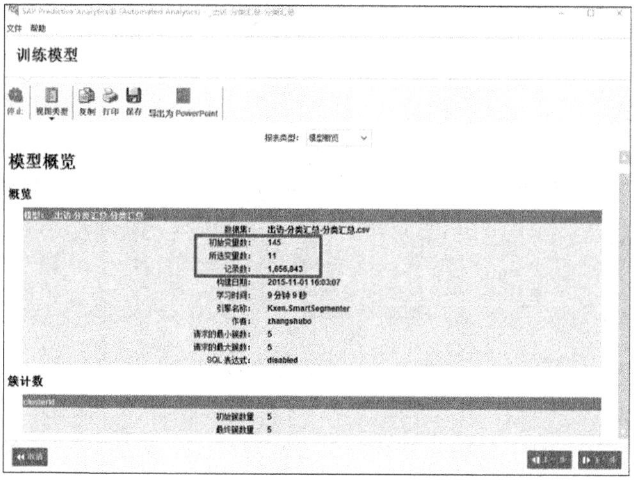

图 8-11　模型概览

用群、语音群、流量群、中使用群、高使用群。5 个群中的 3 个大体分布在一条直线上，流量和语音呈现一定的比例关系；另外，语音群的流量极少，流量群的语音极少。图 8-12 中的圆圈大小代表该簇成员数的多少，越大则代表该簇规模较大。

　　各簇的关键变量特征：接下来，要进行关键变量特征提取。如图 8-13 所示，低使用群各项业务均较少，中使用群短信少，高使用群几乎所有指标

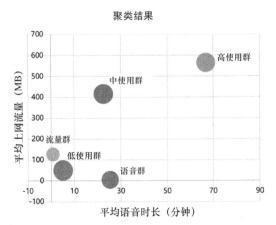

图 8-12　聚类结果

平均值	低使用群	语音群	流量群	中使用群	高使用群
语音话单数	3.9	16.7	1.9	14.7	36.8
短信话单数	8.4	12	5.4	2.4	57.8
上网话单数	74.2	40.6	158.7	92.7	388.9
语音时长（分钟）	5.2	25.4	0.8	22.5	66.8
上网流量（MB）	50.1	4.2	127.2	415.2	565.3
平均通话时长（分钟）	1.4	1.3	0.4	1.6	1.8
平均上网流量（MB）	1.5	0.2	0.9	13.7	6.8
对端号码数	2.4	7.6	1.5	7.2	14.7
上网时长（分钟）	1310	677	2873	2307	7353
4G流量占比	94%	98%	90%	70%	83%
语音有通话天数	1.6	4	1.2	3.8	7.1

图 8-13　关键变量特征

都是最高的。流量群的流量显著性超过其他群，语音群的语音显著性也超出其他群。

　　模型生成后，如果符合业务目标，通过评估，则需要利用模型应用过程生成簇 ID。生成簇 ID 的过程如图 8-14 所示，需要选择一个新的数据集，模型自动生成的聚类规则集会自动应用在新数据集上。一般而言，新数据集就是输入软件的数据集，但需要另存为一个其他文件以避免覆盖源文件。注意，业务分析和各簇的关键变量特征提取，都需要先应用模型，然后把簇标识回填到原始宽表中再进行详细统计。

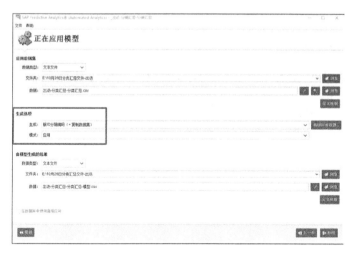

图 8-14　模型应用

第三节　分类模型

　　分类（Classification）模型是数据挖掘中最常用的技术之一，主要用于行为预测。使用分类技术的条件是目标类用户可以用一定数量的变量描述其特征规律，并且该规律在多个观测周期内相对稳定。

　　打开软件后，选择"Modeler"菜单，再单击"创建分类 / 回归模型"按钮即可启动分类建模流程，如图 8-15 所示。

　　选择变量：系统自动将最后一个变量"异常标识"默认为"目标变量"，也就是要预测的类别标识。注意，标识变量只能有一个。在如图 8-16 所示，"已选择解释性变量"选择框内，用于区分不同类别用户的描述变量。不需要进入建模的变量则应转移到"排除的变量"选择框内，如主 ID 变量 IMSI。一般地，开始的时候我们可以把所有可用的变量都导进去建模，软件会自动识别哪些变量确实有用并赋予较高权重，这正是 KXEN "自动化"的精髓——决不让使用者多操心。当然，当数据量很大的时候，变量过多会让模型变慢，因此我们只需要根据变量贡献度选取排名较为靠前的变量即可。

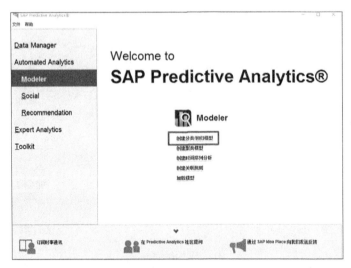

图 8-15　创建分类模型

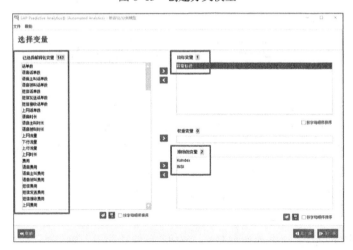

图 8-16　选择变量

如图 8-17 所示，在参数设置部分，如果不是资深的数据挖掘工程师并且深刻理解参数的含义，建议不要调整。多项式次数越高，模型的期望精度越高，但过拟合的可能性越大，在绝大多数情况下都选择 1 次多项式。分箱数量越大，模型越精确，但过拟合可能性增大且时间开销增大；反之分箱数太少，区分度不够，模型预测能力变差。相关性门限不宜设置过高，否则少量变量被赋予过大权重，模型健壮性不佳；门限过低，会造成模型时间开销过大。

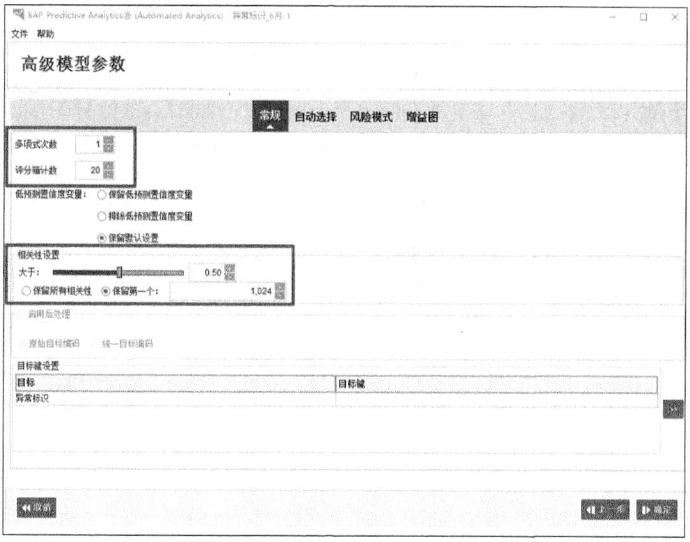

图 8-17　参数设置

模型建立后的第一个输出是模型概览。如图 8-18 所示，模型概览的内容包括：单调变量（31 个）、名义目标占比（13.78%）、预测能力 KI（0.729 4）、预测置信度 KR（0.985 1）和保留的变量数量（86）。其中名义目标是指分类

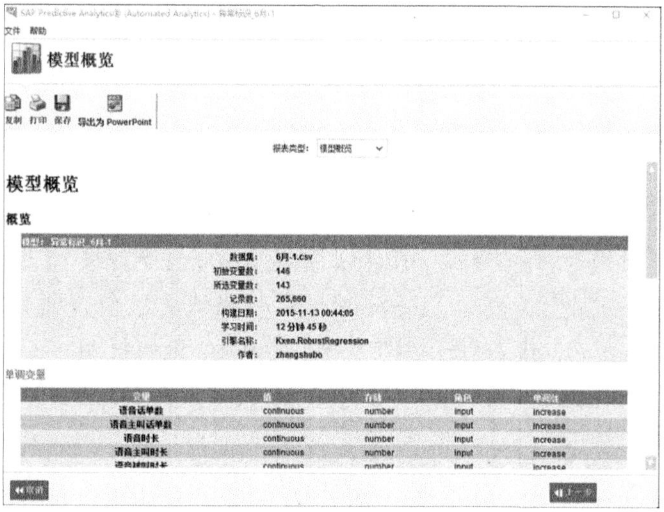

图 8-18　模型概览

指标中标明的那个较少的类别实例的占比，一般较多的类标 0，而较少的类标 1。预测能力和预测置信度下文会详细解释。

变量贡献排序：这个功能非常不错，可以直观地自动计算并总结各变量在分类过程中的贡献程度。在本案例中，贡献排名靠前的变量有短信话单占比、费用、语音主叫费用占比、语音被叫费用、平均下行流量（单次上网）、时段 2 语音时长占比等（图 8-19）。这个贡献排序可以理解为决策树里面的信息增益概念。当一个属性带来的信息增益越大，则变量贡献排名越靠前。

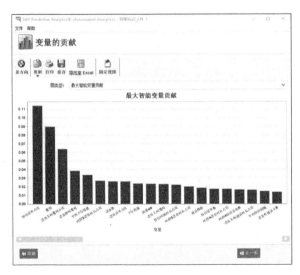

图 8-19　模型贡献度排序

ROC 曲线是衡量分类模型效果最重要的图形展现形式。图 8-20 中有三条曲线，分别是绿色、红色和蓝色。绿色折线是理想曲线（Ideal Curve），代表目标类别完全识别，无一漏网也无一错认。红色直线是随机曲线（Random Curve），代表目标类别完全无法识别，随机检测。蓝色曲线是性能曲线（Performance Curve），代表目标类别被模型识别效果，越接近绿线性能越好。

注意，绿色折线是以一定的斜率直接到达 100%，此时 X 轴的百分比就是目标类别的占比。这意味着，如果数据集中标 1 的实例数占比越高，则理想曲

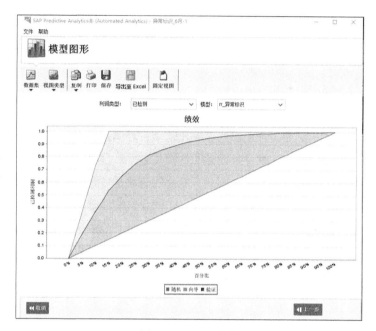

图 8-20　ROC 曲线

线早期的斜率就越小。

红色的随机曲线是稳定不变的。如果我们要从 10 000 个嫌疑人中找出 500 个恐怖分子，那么随机曲线代表想全部消除隐患就要把这 10 000 人全部抓起来。当然，如果觉得 9 500 个无辜者太耸人听闻了，那么就抓 5 000 人，但实际上里面大概还是只有 250 个真正的恐怖分子。

此时我们期望出现一个神探，他充分调查了这 10 000 人后，直接使出"上帝之手"，指证了其中的 500 人，而这 500 人无一例外都是货真价实的恐怖分子，9 500 个无辜者全部释放。这就是绿色理想曲线的含义。

事实上，我们的分类模型都是蓝色的性能曲线，它一般位于红线和绿线之间。在极个别的情况下，由于存在过拟合，性能曲线甚至会发生低于随机曲线的怪事，如果不是亲身经历，笔者自己也不能置信。前面提到的预测能力 KI 是如何得出的呢？是性能曲线和随机曲线之间面积的积分，再除以理想曲线和随机曲线之间面积的积分（是个钝角三角形）得出的比例。显然这个比例值的值域是 [0，1]，当 KI=0 时，说明性能曲线与随机曲线重合，模型彻底失败；当 KI=1 时，性能曲线与理想曲线重合，模型达到了"超神"的高度。

但是，我们不能只看 KI 这一个指标，真正对我们有用的准确率是模型前部的曲线是否足够陡峭，性能曲线如果不存在局部的过拟合或规律的客观波动，一般都是逐渐平滑从陡峭到平缓的上坡。有了预测模型，即使没有神探，我们也可以把嫌疑分数最高的 1 000 人抓起来，这时候预期捕获的恐怖分子就不再是随机的比例 50 人了，而是提升到 300 人甚至 400 人，这就是以较小的代价获得更高的实际收益，所谓的精确化营销，其精髓正是如此。

图 8-21 是 KXEN 软件自动生成的模型说明。注意，不同覆盖比例的识别率是不同的，提升率也不同。因此，专业的说法是"通过选择 14%，检测到了 52%"；而不是"我们的提升率是 10 倍""我们的准确率是 90%"这种模糊的说法。提升率怎么计算呢？其实就是检测率（捕获到的恐怖分子占恐怖分子总数比）除以覆盖率（总检测人数占总人数比）。注意，这个值是动态变化的，在不同的覆盖率，检测率不同，提升率自然逐渐下降。

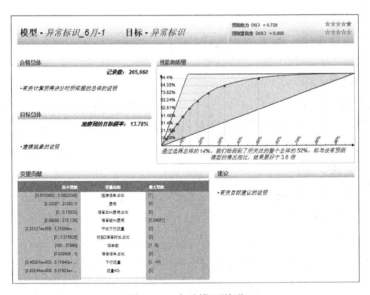

图 8-21　自动模型说明

这里还有一个问题，预测置信度 KR 是如何得出的呢？其实 KR 并非应用集的实战效果，而是软件自动将数据集切分成训练集和测试集后，训练集用来建模生成分类器，然后用分类器在测试集上测试，得出的吻合程度，它体现了模型的稳健性。

由于存在随机误差，KR 一般不会是 1，但是，由于训练集和测试集是同分布的，源于同一个数据集的随机分割，如果算法不是太差，KR 应该是一个略小于 1 的值。

混淆矩阵（图 8-22）是模型的另一个详细的分析工具。随着阈值游标的变化，相应的混淆矩阵也随之变化，对应的分类率、敏感度、特异度、精度都产生变化。不论是决策树还是回归，各种分类器最终给出的并非一个确定的判断结论，而是一个概率评分，将实例按这个评分排序，再设定一个阈值，就能得到一个静态的混淆矩阵，对应的就是 ROC 曲线上的一个纵向垂线。阈值游标其实就是一条分界线，以上的判决是类别 1，以下的判决是类别 0。

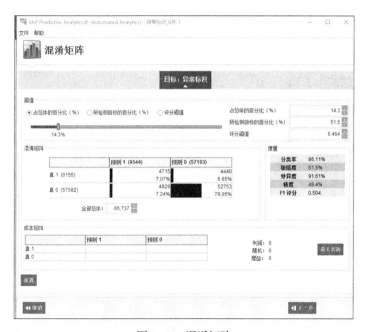

图 8-22　混淆矩阵

一般地，我们希望精度和敏感度都更高，但两者总是此消彼长，因此要从业务上进行指导和决策。当营销资源充裕的时候，我们可以容忍精度下降而追求较高的敏感度（识别更多的异常用户）。反之，当营销资源有限的时候，我们必须提高精度而牺牲敏感度（放过更多的异常用户）。一般地，我们让精度和敏感度达到平衡（相等）。

模型应用就是使用测试过的分类器在应用集上生成评分。模型生成后，还要进行评估，看是否符合业务目标和达到精度要求，然后通过模型应用过程生成异常预测评分。生成异常预测评分的过程如图 8-23 所示，需要选择一个新的数据集，模型自动生成的分类器会自动在新数据集上生成评分。一般而言，新数据集就是下一个周期的数据，但需要另存为一个文件以避免覆盖源文件。

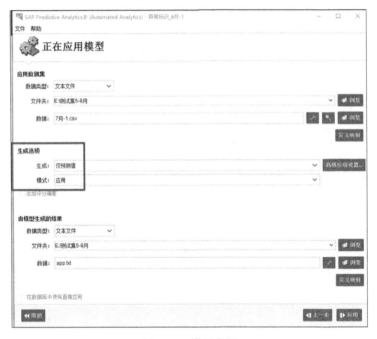

图 8-23　模型应用

模型应用结果经过下一个周期的实际运行反馈后，可以得出分类器的实战效果，如图 8-24 所示。本例中模型应用效果较为理想，应用模型的精度和敏感度都与原模型基本相当，模型可用性很强。我们应注意如下表述方式：

- 5% 处敏感度是 19%，提升到 3.8 倍，准确率为 54.9%。
- 15% 处敏感度是 53%，提升到 3.5 倍，准确率为 49.9%。
- 30% 处敏感度是 81%，提升到 2.7 倍，准确率为 38.4%。

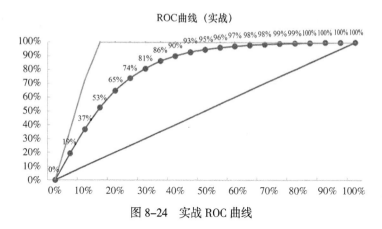

图 8-24　实战 ROC 曲线

第四节　关联规则模型

关联规则是最常用的数据挖掘模型之一，主要用于货篮分析。其目标是从海量的事物清单中挖掘出频繁项集，进而找到重要的关联规则。

打开软件后，选择"Modeler"菜单，再单击"创建关联规则"按钮，即可启动关联规则建模流程，如图 8-25 所示。

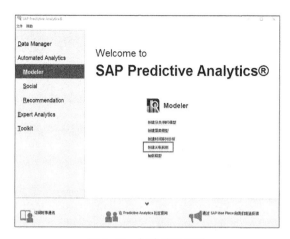

图 8-25　创建关联规则

与聚类和分类不同，选择关联规则的时候，首先要打开的是数据源文件（图 8-26）。这个数据源其实代表了客户编号，后面的"事件数据源"文件则存储具体的交易详单信息。

图 8-26　打开数据源

接下来还要打开事件数据源文件，如图 8-27 所示。

图 8-27　打开事件数据源

对事件数据源的说明，主要包括会话号、流水号、时间等，如图 8-28 所示。

图 8-28　事件数据源说明

如图 8-29 所示，在参数选择中，事物数据集和参考数据集要根据会话号进行对齐，"最小支持度"可以选择"百分比"或者"绝对量"，"最小置信度"只能

图 8-29　参数设置

选择"百分比"。"最大长度"代表最高支持多大的频繁项集，默认值是"4"。

模型建立后的第一个输出是模型概览。如图 8-30 所示，模型概览的内容包括：已处理的会话 245 个，找到的规则 773 条，找到的项目 481 个。

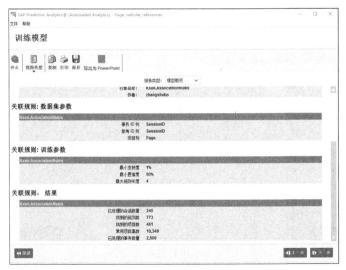

图 8-30　模型概览

图 8-31 是关联规则的实际可视化结果，可以看到不同规则的置信度、支持度和 KI。KI 是如何得出的呢？先看图 8-32。

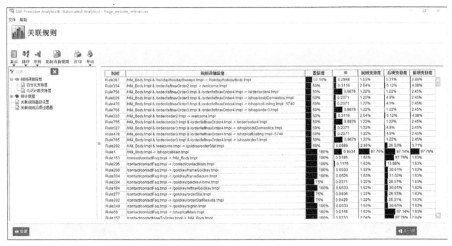

图 8-31　关联规则可视化结果

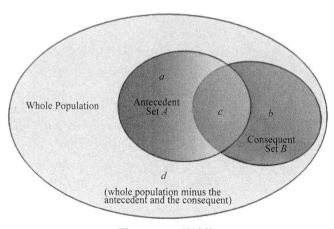

图 8-32　KI 的计算

那么有：

$$\text{Supp}\,(A)=a+c$$

$$\text{Supp}\,(B)=b+c$$

$$\text{Supp}\,(R)=c$$

$$\text{Supp}\,(\overline{A})=1-(a+c)$$

$$\text{Supp}\,(\overline{B})=1-(b+c)$$

$$\text{Supp}\,(\overline{A\cup B})=d=1-(a+b+c)$$

$$a+b+c+d=1 \qquad\qquad (EQ\ \ 2)$$

$$\vdots$$

$$\text{KI}=\frac{\text{Supp}\,(R)-\text{Supp}\,(A)\,\text{Supp}\,(B)}{\text{Supp}\,(B)\,[\,1-\text{Supp}\,(B)\,]}$$

KI 体现的是关联规则的各频繁项真正的相关性程度。

与聚类和分类不同，关联规则模型不需要应用在数据集上生成簇标识或者概率评分，而是直接导出规则集即可，如图 8-33 所示。

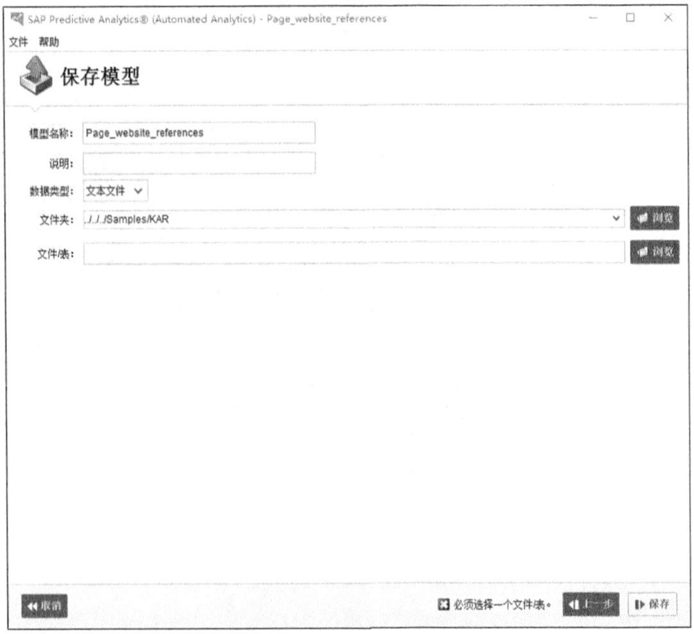
SAP Predictive Analytics® (Automated Analytics) - Page_website_references
文件 帮助
保存模型
模型名称：
Page_website_references
说明：
数据类型：
文本文件
文件夹：
../../../Samples/KAR
文件/表：
取消
必须选择一个文件/表。
上一步
保存

图 8–33 关联规则导出

第九章

概论：经营分析的
常见错误

经营分析到底有多重要？

《孙子兵法》开篇写道："兵者，国之大事，死生之地，存亡之道，不可不察也。"市场竞争博弈对于企业来说非常重要，决定了企业的生存与发展。

"故经之以五事，校之以计而索其情：一曰道，二曰天，三曰地，四曰将，五曰法。"讲的是经营分析的五大维度。

"夫未战而庙算胜者，得算多也；未战而庙算不胜者，得算少也。多算胜，少算不胜，而况于无算乎！吾以此观之，胜负见矣。"这"庙算"就是经营分析。

第一节　典型错误

图 9-1 是 A、B 两省的收入曲线，看起来差距是不小的。如果我们注意了很多媒体如新闻节目中对数据进行展示，会发现很多这样的情况，两条线或这组柱形的差距甚大。

而实际情况可能是图 9-2 这样的。

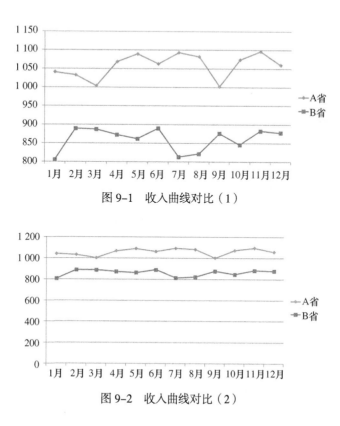

图 9-1　收入曲线对比（1）

图 9-2　收入曲线对比（2）

这就是更改 Y 轴刻度后的效果。所有人都会犯这个错误，但这并不怪数据分析的初学者们。微软的 Office 软件在作图的时候会自动地适配图形，很多情况下自动设置的坐标轴确实不是从 0 开始的。

坐标轴不从 0 开始的坏处是误导了不明真相的用户，本来是很小的差距变成非常夸张的鸿沟，较小的进步也被夸大成翻倍的视觉效果。这当然也有一个好处：当分析师本来就想达到这种带有偏置效果的分析结论时，可以明火执仗地使用截断坐标轴这一必杀技。

图 9-3 是 A、B 两种业务的曲线对比，看起来 A 业务发展比 B 业务快得多，而且恰好是 B 业务的 2 倍。

如图 9-4 所示，在调整了坐标轴对齐以后，原来数值是一样的，只是坐标轴不同，一个在主坐标轴，另一个在副坐标轴，从而显示出一倍的差距。

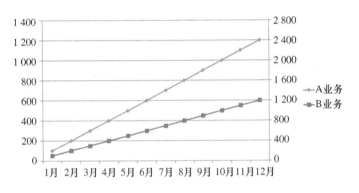

图 9-3 业务曲线对比（1）

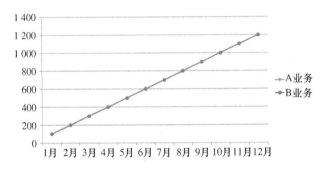

图 9-4 业务曲线对比（2）

这是另一个常见的误用，当两个同性质的序列需要体现差异的时候，用副坐标轴可以有效调整数量级。

接下来的几个例子丝毫没有进行任何的艺术加工，都是原汁原味地从三大运营商的实际经营分析报告中节选的，且没有断章取义。

先看一个不明所以的条形堆积图（图 9-5）。首先，由于页面布局设计问题，很多图表在展示的过程中需要调整其大小和横竖的比例。但是，强行的拖拽压缩会造成文字的失真，非常不美观；可行的办法是在图表的编辑状态下进行调整，或者打开画图工具进行裁剪。

其次，在深色背景下的文字或其他内容必须反白显示，否则在投影状态下基本无法辨认。当投影效果不佳的时候，对图、表、文字现场调整颜色和对比度，这未尝不是一个有效的解决方案。

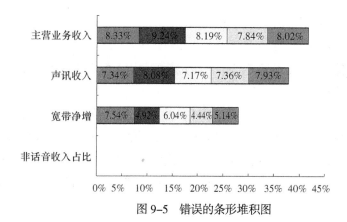

图 9-5　错误的条形堆积图

最后，缺乏图例，不知所云。其实，图 9-5 中五个颜色代表 1～5 月的收入预算完成进度，必须加以说明，如采用渐深的同色系配色更佳。

图 9-6 是一个双轴图，标题缺失，图例存在一定的简化，外行肯定是看不懂的。柱形图标识 1～5 月累计完成收入，而折线图标明各业务的进度完成率。

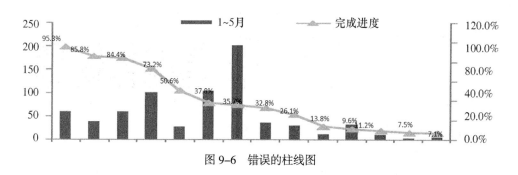

图 9-6　错误的柱线图

首先，图 9-6 中右侧的坐标轴必须保留整数，因为作为标尺，保留小数没有任何意义！对于基本的科学测量，20 和 20.0 的含义差别很大，20 代表 [19.51，20.50)，而 20.0 则代表 [19.951，20.050)，其有效范围差距 10 倍。但是在本例中，标尺只代表特定的一个点而不是可能的近似区间，因此都要尽量保留整数。

其次，一般要标出数值的时候，必须选择重点。当所有折线都有数值的时候，右侧的坐标轴完全没有存在的意义。另外，图 9-6 无法突出重点，完全不知道到底要指出哪个业务的异常。

图 9-7 存在如下三个问题：

①字体不合适，出现重叠。产生重叠的原因是横向压缩了字间距，可以通过缩小字体来解决。

②颜色没做调整，对比不够强烈，无法突出重点的地区。一般地，全省作为异常分析标杆，应该用深色突出显示，而两侧的一般地市反而应该用浅色。

③如果要比较不同的内容，采用一致的顺序将更有意义。那样就可以明显看出两个量之间不匹配的情况，例如收入排名第三，而话务量排名第十。

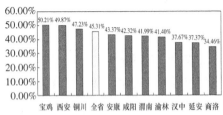 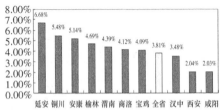

图 9-7　错误的柱形图

图 9-8 提示我们，标题是不能加项目符号的。另外，在需要反白的时候才能反白。是否反白有本书可以参照，那就是企业的视觉识别手册，又称为 VI 手册。VI 手册里面甚至有财报、牌匾、名片、营业厅装修的各种规范，是作为企业的一份子应该掌握的一种知识。

◆5月全省投诉量TOP3

投诉内容	投诉量	总投诉占比
声讯费	585	6.89%
固话费用争议	540	6.36%
固话装维服务	459	5.41%

图 9-8　错误的表

图 9-9 中的文本框必须引起重视，它是分析文档最常见的组成部分，体现了一个数据分析师的基本功。资深的分析师一眼就能看出文档作者的素养，

信息化示范村营销

2008年5月12日晚上，由分公司牵头××××电脑公司，在×××村共同开展江山首个新农村信息化示范村的"电脑+宽带"的业务宣传、电子商务、宽带娱乐、电脑知识等活动，当晚预受理"电脑+宽带"新用户一共20多户。

目前，已发展宽带户数25户，均加入融合套餐。其中自备电脑上网12户，电脑捆绑销售13户，新装电话45部。

图 9-9　错误的文本框

其实就是从文本框的调整得出结论。标题一般居中，正文用缩进或者用项目符号或编号，正文要垂直居中，一般左对齐。另外，文本框和表格都默认存在四面的间距，左右是 0.25 cm，上下是 0.13 cm。

第二节　经营分析的概念和内涵

经营分析（Business Analysis）是为适应市场经济的需要，于 21 世纪初开创，并由一批会计学家和管理专家不断充实而逐步形成的应用科学。经营分析以企业内、外部数据为基础，综合运用多种定性分析方法和定量分析方法，并最终形成分析结论，以分析报告的形式提供给决策者作为参考。

经营分析是企业的眼睛和耳朵，如果没有经营分析，再强的大脑——决策者都是瞎子、聋子。越高级的指挥员，对战场态势的了解就要越全面和细致，否则信息占优势的一方将毫无疑问地占据主动并最终获得胜利。

接下来应该正本清源：对于经营分析这件事，应该有所为有所不为。

经营分析人员应该做的工作具体如下：

■ 确定分析主题：分析的主题和内容，必须是经营分析人员和主管领导共同确定的，作为整个经营分析工作的起点。由于一般的经营周期是一年，因此在年初的时候就需要制订一整年的初步分析计划，再根据实际情况酌情调整。这个分析计划要紧密配合全年的战略规划和营销计划，毕竟经营分析是为了经营工作服务的。

■ 确定分析框架：有了主题，接下来最难的就是框架。框架即思路，而衡量分析人员水平高低的标准就是能否又快又好地提出可行的研究思路。分析框架主要来自于两个方面，一方面是业务经验，如果做过很多业务和很多场景的分析模型，那么框架成竹在胸，毫无压力；另一方面是技术积累，很多的分析模型都可以直接作为分析框架来操作，再通过实际数据的验证来确定这些模型是否适用。

■ 数据预处理（稽核）：数据预处理应该是经营分析人员的工作。这是因为，对数据特征理解最深刻的就是分析师而不是数据库管理员。而且，在数据稽核和预处理的过程中，业务背景知识也非常重要，数据库管理员大多是计算机相关专业出身，既没学过经济管理也不涉及具体业务运营，让这些技术人员来稽核业务数据，结果很可能是灾难性的。

■ 分析推导：分析尤其是演绎推导过程是整个分析的核心。基于分析框架，严密的逻辑推导能有效地说服决策者和其他听众，而含混的假设、晦涩的口径和语焉不详的推导过程是达不到应有效果的。

■ 得出结论：掷地有声，提出明确的结论，是经营分析的主要输出物。如果前面几项工作都能做得准确而到位，结论则是顺理成章的事情。需要注意的是，结论要直接、简明、有力，不能啰唆冗长或模棱两可。

经营分析人员不应该做的工作如下：

■ 确定和管理预算：很多经营分析人员同时兼管预算管理工作，不得不说这是运营商的一个通病。经营分析管的是问题诊断，而预算管理实际上是运营支撑，预算管理中存在的各种问题也是经营分析要研究甚至指责的对象，怎么能既当裁判员又当运动员呢？另外，很多时候预算涉及绩效考核、资源配置和激励，是胡萝卜和风向标；而经营分析是找茬挑刺，是大棒和鞭子，如果同一个人负责，是不是显得在逻辑上太分裂了呢？

■ 原始数据管理（维护）：一般来说，经营分析的数据都是汇总后的统计数据，因为决策者不会关心某个具体的用户是怎么消费的。但是，任何一个用到的数据都是从数以亿计的详单汇总成以百万计的账单，再从账单统计汇总为经营分析数据。这些底层数据的更新、管理和维护都是数据库管理员在操作，包括经营分析系统的 IT 运营维护也是如此。这些工作不是经营分析人员的工作范围，他们既不擅长也没那个精力。

■ 营销策划：随着市场竞争日趋激烈，市场部的地位愈发提升，营销策划逐渐成为经营的重点，决策者开始亲自过问套餐资费和渠道销售情况，甚至老总亲自操刀设计套餐都成为运营商一景。这里必须指出，经营分析不是营销策划，尽管在营销策划中也越来越多地渗透统计分析、数据挖掘乃至大数据技术，但那种分析是具体的细节推敲，与经营分析无关。当然，经营分析可以作为营销策划的输入和反馈。

■ 具体改进办法：经常有决策者在经营分析会上提出这样的疑问"既然

存在 ×× 问题，原因是 ××，怎么解决呢"，然后把殷切的目光投向汇报的经营分析人员。这里我们要明确指出，经营分析不是万金油，具体的改进办法，是谁的问题谁负责，谁的问题谁解决。经营分析只负责暴露问题、分析问题、诊断问题。

经营分析涉及的报告文档主要有以下五种可能的组织框架：

■ "金字塔"式：作为麦肯锡方法的一部分，核心是"序言故事—纵向问答—横向推理"，讲的是文档要遵循金字塔式写作。如果分析材料是一个非常宏大的专题，内容条项较多，需要看到三层目录，那么金字塔式是一种很好的选择。但对于常规的相对固定格式的主题分析并不适用，对于篇幅很短的迷你专题也显得小题大做。

■ 通报／简报式：通报／简报式更多地用于文件形式的通报和报表形式的动态监控。这类分析材料主要是各种面向下级单位的工作通报，尤其是用于营销竞赛、促销活动、预算完成等信息的发布，一般不用于主题分析或专题分析，而作为日常分析的附件或公文使用。

■ 工作汇报式：部分领导有掌控一切的要求，因此需要完全详尽地操作过程描述。领导风格大体分为"举重若轻"和"举轻若重"两种。毛主席的风格是"举重若轻"，如"一切反动派都是纸老虎"，把重要的事情说得轻松写意，三大战役都只是做战略层面谋划而绝不干涉前线指挥员的排兵布阵。而周总理是典型的"举轻若重"，事无巨细都能条理清晰、井井有条。例如尼克松访华期间，北京突降大雪，为确保长城之行并秀一下国民凝聚力，凌晨，周总理亲自打电话部署有关部门连夜清理道路积雪，强烈震撼了美国客人，在外交上赢得关键印象分。对于"举轻若重"的领导，材料自然要写成汇报式结构，先说主要结论，再依次做细节陈述。反之，对"举重若轻"的领导，写成汇报式结构会招致明显的反感。

■ 综合式／三步曲：通报—分析—问题及打算。这是经营分析报告中最常见的组织样式，尤其是主题分析部分。首先简单通报一下当前的经营状况，关键的指标是否健康；然后开始进行分析，先主题、后专题，最后总结一下发现的问题，以及下一步工作的打算。

经营分析主要分为主题和专题两部分，下面分别介绍。

图 9-10 是主题分析的工作流程。该流程图在每年年初执行一次，而年中

的各月由于只更新模板里的数据，因此流程不做修改，工作量大大简化。确定分析框架以后，主体模板要进行数据测试，以测试其逻辑是否准确，主要是验证公式的可用性。每次新数据输入模板，公式不变但计算结果会即时更新，如通过数据稽核，即可进入分析过程。分析和撰写报告过程详见后面的章节。

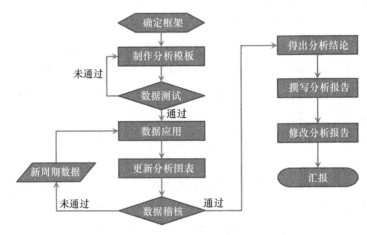

图 9-10　主题分析工作流程

图 9-11 是专题分析的工作流程。每个研究的专题，在理论上都需要走一

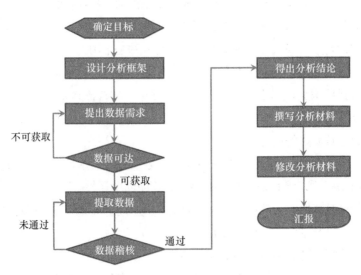

图 9-11　专题分析工作流程

遍完整的流程。与主题分析的流程不同，专题分析没有数据模板但有数据需求，如果可获取还需要进一步稽核数据准确且符合要求。分析和撰写报告过程同样详见后面的章节。

第三节　经营分析的能力要求

客观地说，优秀的经营分析人员一定是真正的全能选手。

■ 经营分析人员要熟悉主要电信业务，深入了解所管辖的业务／产品／服务，熟悉经营分析术语及数据分析指标与口径。一句话，懂业务！但是作为初学者，往往想要尽快熟悉业务，这就有两条主要捷径：第一是仔细阅读过去几年的分析报告，从主题到专题，从固网业务到移动业务，总之就是研究过去是怎么做的；第二是找出运营商总部编纂的《产品手册》《资费手册》和业务发文集锦，直接从规范定义文件中找到业务背景知识。

■ 经营分析人员应具有一定的基础数据整理、分析能力，对数据敏感，熟练掌握常用的统计分析方法及工具。这意味着，Excel 和 SPSS 都要熟练掌握，对数据敏感要靠方法论，接下来几章会重点介绍。

■ 经营分析人员应具有求是、求实精神，有追本溯源的思考习惯，以解决问题为导向设计调研等信息获取方案，能协调多部门分工合作、共同研讨，使得专题分析有足够的深度，最终能为解决问题奠定基础，最终为一线营销工作服务。求是代表着有求知欲，以找到真相为己任；求实代表追求真理而不是目标导向，不唯上只唯实。另外，还需要有很好的沟通、协调能力，知道怎么游刃有余地利用各种组织内外部的资源。

■ 经营分析人员不宜频繁更换，应保持一定的稳定性和连续性，通过两年以上的长期关注增强数据敏感度和判断的准确性。可是，经营分析是个比较繁杂而容易得罪人的工作，被很多运营商员工视为畏途，颇有"一入侯门深似海"的感觉。但事情总要有人做，于是笔者设计出这样的一个工作模式来解决这个矛盾：凡是前端部门（市场，相对后端技术而言）新入职的员工，都要在经营分析岗位上实习 2 年，然后再根据个人意愿分配到营销策划、市场规划、产品管理、预算管理、渠道管理等专业上。这样的好处是，经营分析岗位是最容易快速熟悉业务和数据的地方，所有从这个岗位出来的人对前端的理解是相对深刻而具有大局观的，实习制度将很好地解决各岗位的割据效应。另外，实习制度也保证了这个岗位永远有用之不竭的人力资源，每个人工作的时间不长（2 年）又能解决相对枯燥的工作性质带来的不利影响，可谓是百利而无一害。

下面通过月户均流量指标的例子来说明一个经营分析人员如何分析问题。

在 2012 年，手机上网流量业务开始迅猛增长，经营分析的重点也从MOU 转向 DOU，这时 DOU 的口径就成为一个难题。

很自然想到的第一个口径就是 DOU= 总流量 / 总用户。此时遇到的问题是，由于当时沉默的用户太多，很多用户的手机上网流量是 0，因此每个月流量的变化非常不明显，总是处于一个很低的值，显示不出实际的户均流量增长趋势。

因此，提出了户均流量口径 2.0 版，也就是 DOU= 总流量 / 总流量用户。这样，就把流量为 0 的用户从分母中剔除出去，其好处是能真实反映户均流量的变化了。但此时又遇到一个新问题，随着移动互联网业务的增加，有些业务会偶然触发一些非常低的流量，而此时用户并未真正使用流量，这样的用户与沉默用户本质上毫无区别。

于是，又提出了户均流量口径 3.0 版，也就是 DOU=（总流量 − 超低流量）/（总流量用户 − 超低流量用户），把超低流量用户去掉，同时分子中超低流量用户引起的流量也剔除出去，此时反映的是真正使用流量用户的户均流量发展趋势。

但是，有时候这个趋势又太高了，经过仔细的分层分析，发现有些用户把手机卡当成上网卡使用，月户均流量达到 10 GB 以上，而这部分用户由于流量太高，少数人就可以把整个户均流量提升到较高水平，严重干扰了正常的分析。最终得出了一个非常精确的口径，即 DOU=（总流量 − 超低流量 − 超高流量）/（总流量用户 − 超低流量用户 − 超高流量用户）。

第四节　互联网时代的经营分析

在移动互联网时代，或者说"互联网＋"时代，经营分析工作也必须与时俱进，目前来看，主要呈现如下三个方面的发展趋势。

第一，大数据的应用。

不夸张地说，现在是大数据时代，由于新的分布式计算框架 Map-Reduce 的出现，很多的行业都言必称大数据，何况信息化程度非常高的电信运营商呢。因此，大数据在经营分析中不断产生新的价值。

有一个世界 500 强企业的招聘试题提到，如何估计整个城市的路灯数量。这个题目考察的是应聘者解决问题的思路。在大数据时代之前，标准的答案是先数某条街的路灯数，然后考虑这条街占整个城市路网长度的百分比，然后假设路灯密度是不变的，因此估算出整个城市的路灯数量。但是到了大数据时代，这样的问题只需要安装多个传感器，每时每刻，每盏路灯的位置和状态都可以随时上报并自动汇总，这是何等的精确与及时。

类似地，以往我们估算某个渠道的业务量，需要先分层统计各级营业厅的数量，并估计各级营业厅的平均业务容量，最后得出汇总数。但到了大数据时代，每个营业厅都通过接入管理平台实时上报汇总当前的销售业绩，让经营分析变得更加精准、快速。

第二，新业务、新维度和新思路的出现。

4 G 已经正式商用，5G 正在研发中，移动网带宽首次反超固网，而感受到危机的固网响应提速降费主张，百兆宽带也即将成为主流产品，可以说，管道已经越来越宽了。另外，管道的智能化程度也越来越高，随着 SDN/NFV 的大规模试商用，运营商纷纷推出弹性带宽甚至业务自适应带宽。网络越来越好，自然刺激了新业务的发展，各种互联网新业务层出不穷。从电商到互联网叫车、外卖甚至互联网理发，以二维码和 APP 为标志的新业务革命正在发生。相应地，经营分析也逐步开始关注这些新的业务模式。

自从大数据成为热门话题，"用户画像"就变成很多决策者的心头肉了，DPI 的分析就是实现用户画像的技术基础，也给经营分析提供了新维度。以往我们只能分析用户打了多少电话，打给了谁，集中度多少，用了多少流量，白天还是夜间用的；而现在我们可以找到用户打开了哪个 APP，在某个页面停留了多久，在操作什么功能，还有用户行动的轨迹，每天走了多少步，去了哪些区域，林林总总不一而足……

当然，技术进步对传统电信业务的商业模式也产生了冲击，给经营分析提供了新思路。例如，分析重点从固网转移到移动网，从单产品到分析融合套餐，从单用户到客户总体，从个人到家庭圈、朋友圈、同事圈，从 MOU 到 DOU，从前向收费到后向经营甚至第三方付费。

第三，新型展示方式。

最早的经营分析是手写的稿件，有的时候甚至力透纸背。后来有了电脑，PowerPoint 开始流行，很多分析师变成了 PPT 高手。当前在运营商内部，PPT 仍然是经营分析报告的主流格式。但可喜的是，笔者在国内某运营商的分公司见到了更灵活、新颖的 Excel 格式经营分析报告，这种形式的缺点是不能顺序放映，但优势是可以随时动态地展示数据，而不是冰冷的静态图表。Excel 还可以使用丰富多彩的条件格式，显得非常美观。

当然，最新颖的是符合互联网风格的长图片式分析报告。其实这种长图片式媒体的鼻祖正是电信运营商。在很久以前，竞争开始逐渐激烈的时候，地市分公司老总为了业绩夜不能寐，希望每天早上一开手机，就能看到前一天的经营业绩，比如卖了多少 USIM 卡，办了多少套餐，续约了多少用户，离网了多少用户，某个关心的大客户是否拿下了等。最早这类材料是通过一条短信来报送的。但是短信的字数有限，早期的手机显示也不友好，众所周知，如果短信字数超了，切成几条后，"后发先至"，给人逆天的阅读体验。

后来，彩信出现了，于是字数多了，数字也可以用不同颜色标注，加个方框、亮闪条等，配合更大的彩屏手机，类似手机报的迷你分析日报应运而生。现在到了互联网时代，手机报变成了长图片，因此有些运营商的经营通报用的就是长图片模式来推送给主管领导，此时已经有了互联网范。

另外，互联网上能流传的大数据报告普遍都是长图片模式，要么是 PPT 转化，要么是直接编辑为长图片，非常炫酷，也符合互联网的"轻"模式。因此，我们为什么不把经营分析报告也变成长图片，跟上这个时代呢？

第十章

质的分析：定性分析方法

定性分析方法是人类社会最基本的分析方法，相比定量方法，它简单易行且符合人类本身以自我为中心的思维习惯。我们经常做出的主观判断，其实就渗透着定性分析的理念。虽然存在以偏概全的痼疾，但是在绝大多数场景下，定性分析仍然是首选。例如，明天是否会下雨、新来的同事能力怎样、美国总统的选举结果等问题，不是专业研究人员一般不会建立定量模型进行分析。

第一节　观察法

如果说定性分析方法是分析的基础，那么观察法就是定性分析方法的基础。即使是很小的婴儿，在视力、听力和嗅觉仍然很弱的情况下，就会综合运用自己的感知能力，观察哪里有食物。听到大人说开饭了，即使听不懂具体含义，也会匍匐前进积极爬向饭桌，这就是观察的本能。同样，我们见到一个新的朋友或同事，到了一个陌生的环境，都会自然而然地"观察"我们不熟悉的事物。

观察法：需要在自然状态下对行为和谈话进行系统、详细地观察，即观察并记录人们的一言一行。也就是说，研究者在无任何人为干涉的情况下观察人们的言行、发生的事件及其互动，因此又被称为"自然主义的研究"。

观察法主要分为两种，不参与性观察与参与性观察。不参与性观察即观察者完全不参与被观察对象的活动，这仅仅是一项研究，观察者的责任是观察并记录。参与性观察是指观察者加入到其所研究的对象的活动中去，试图观察并记录他们在"自然状况下"的行为，分为完全参与、以观察者的身份参与、以参与者的身份观察。两者的区别在于，被观察者是否知道观察者的"存在"而不是是否在"观察"。

一般来说，观察法非常直接、有效，能够避免人们在言行上的不一致，适合研究机构的工作状况及其人员是如何履行职责的，从而揭示出机构内部人员未意识到的严重问题。例如电信运营商在渠道检查时引入的第三方调研机构"神秘顾客"。另外，观察法也可以在定量研究的基础上开展，从而准确地解释定量研究的结果及意义，作为一种验证。

在钱钟书的《围城》这部小说里面，就有一个经典的观察法例子。

男主人公方鸿渐去张先生家相亲，目标是张先生的独生女儿张小姐。在去张先生家的路上，经过一家外国皮货铺子看见獭绒西装外套，新年廉价，只卖四百元。非常想买，但没钱。

到了张家，张太太说，人数凑得起一桌麻将，何妨打八圈牌再吃晚饭。

《围城》里面这样写道——

方鸿渐赌术极幼稚，身边带钱又不多，不愿参加，宁可陪张小姐闲谈。经不起张太太再三怂恿，只好入局。没料到四圈之后，自己独赢一百余元，心中一动，想假如这手运继续不变，那獭绒大衣便有指望了。这时候，他全忘了在船上跟孙先生讲的法国迷信，只要赢钱。八圈打毕，方鸿渐赢了近三百块钱。同局的三位，张太太、"有例为证"和"海军大将"一个子儿不付，一字不提，都站起来准备吃饭。鸿渐唤醒一句道："我今天运气太好了！从来没赢过这许多钱。"

张太太如梦初醒道："咱们真糊涂了！还没跟方先生清账呢。陈先生，丁先生，让我一个人来对付他，咱们回头再算得了。"便打开钱袋把钞票一五一十点交给鸿渐。

这是一次成功的观察法实践，我们通常称之为试探，张太太一下子就发现了方鸿渐的小气和势利，显然这次相亲必然无疾而终。

但是，观察法也有弊端，例如完全参与性的秘密观察会引起严重的伦理学问题。不仅如此，公开以观察者的身份参与的方法还会使被观察的群组或个体意识到自己成为被研究对象。当美国主导的联合国检查组要检查伊朗、朝鲜等国核设施的时候，显然被检查的国家非常不爽。

另外，参与性观察在观察者进入和退出观察现场的任何一个阶段都存在一些问题。假如有个多疑的女孩设计用闺蜜去测试自己男友的忠诚度，首先闺蜜的入场不能太突兀，那种直接搜索微信单刀直入的方式显然太可疑。而测试结果无论是成功还是失败，如何跟男友解释这件事也是非常尴尬的。

第二节　访谈法

访谈法是社会学和相关学科一种常用的研究方法，由研究者在一定的规则下带着某种目的面对面地询问被访者并与其交谈，以获得被访者自身或其掌握的信息。访谈法的特点是研究者始终以开放的头脑接受访谈中出现的各种概念和可变因素，即使这些概念和可变因素与研究者在访谈刚开始时的预测很不相同。

访谈法主要分为定式访谈、半定式访谈和深入访谈三种。定式访谈通过使用定式问卷完成访谈，这需要在开始访谈之前培训访问者用标准的方式提问题。定式访谈可以理解为全是选择题的试卷。半定式访谈则根据研究内容制定一个松散的框架，这一框架由一些开放式问题组成。半定式访谈可以理解为由简答题组成的试卷。而深入访谈较少有框架，可能仅仅针对一两个主题做深入细致的访谈。深入访谈可以理解为一篇口述形式的命题作文。

现在请思考一下，电视上播出的名人一对一访谈是以上哪一种？

访谈是咨询的起点，几乎所有的咨询项目都需要先进行访谈以收集相关信息。一般地，访谈的对象囊括组织的领导层、中层和基层，甚至包括外围的顾客、供应商、渠道商等。

2015 年 3 月 1 日，《柴静雾霾调查：穹顶之下》发布，在这部片子里我们可以看到很多的访谈对话，另外一个著名的例子是《小崔考察转基因》，里面有近 30 场访谈实例。但是，必须指出的是，就数据分析这个专业而言，这两部纪录片完全可以作为数据分析的错误集锦来认真分析，从而有效地提升逻辑分析能力和数据分析技巧。

另外，访谈法和观察法也可以非常好地结合。比如面试和谈恋爱的过程，其实就是一边访谈、一边观察的双向交流，在观察中访谈、在访谈中观察，我们一般称为沟通。

第三节　CATI：市场调研利器

提到访谈法，不得不提到一种特殊的访谈法，那就是计算机辅助电话访问，即 CATI（Computer Assisted Telephone Interview）。按照上一节对访谈法的分类，CATI 其实是以定式访谈为主的，使用一份按计算机设计方法设计的问卷，用电话向被调查者进行访问。值得一提的是，CATI 是应用最广泛的电信行业市场调查方法。

与传统面访方式相比，CATI 具有以下几个主要特点：一是速度快、效率高，研究人员只要在调查结束后几分钟或几十分钟内即可拿到调查数据；二是质量高，由于事先可对计算机进行设置，能避免一些因跳问路线或选择答项错误而导致的数据差错或丢失；三是成本低，采用 CATI 系统，可省去交通费、礼品费和问卷印刷费等。当然，调研公司的电话经常给人以骚扰的感觉，拒访率越来越高；而奇虎 360 等厂商推出的智能反骚扰使得 CATI 为主的调研公司和房产中介的电话越来越难打通。

拦截访问是媒体经常使用的，所谓的"全国人民喜迎油价上涨"和"你幸福吗？我姓福"都是拦访的经典段子。除了访问员输入系统的可能操作失误以外，拦截访问的样本代表性是其最大短板。在宾利、保时捷、奥迪和大众 4S 店我们将找到不同的大众集团车主，在商场的赫莲娜、兰蔻、欧莱雅、卡尼尔和小护士的柜台，我们将接触到不同的欧莱雅集团女性客户。同样地，在机场、高铁站、火车站、长途汽车站也有不同的旅客。因此，拦截访问在电信行业基本上无人问津。

另外一个入户访问是国字号调查体系最常用的调研方法，如人口普查、经济普查等。入户访问以深访为主，高昂的人力成本和入户的安全性隐患造成了这种方式只有国家机关才能有效执行。

第四节　焦点小组座谈会

焦点小组座谈会（FocusGroup，FG）是一种特殊的小组访谈，它利用访谈小组成员的相互交流获取信息，属于半定式访谈。焦点小组讨论与小组访谈的不同之处是前者主要是利用小组成员之间的交流和互动收集信息，而后者是同时从几个人处获取信息的一种快捷、方便的方法。

焦点小组的访谈成员由社会身份相似或不同的人群组成，需要选择事先存在的小组或选择不认识的人组成小组。小组由 6～10 人组成，其人数可以酌情增减，一般每个小组人数不能少于 4 人或多于 12 人。讨论会的环境应让人感觉放松、舒适，备有茶点，围坐成圆形。那么，这个圆形有什么讲究？

我们知道在中国古代并没有圆桌，因为我们从氏族部落的原始社会转型为有主君和国家机器的封建社会后，就有了森严的等级制度，而且不可僭越，否则轻则牢狱之灾、重则杀头之罪。几千年的传统，哪怕到了近现代，我们家里的桌子仍然是以长方形、正方形为主，办公场所里面的会议室，绝大多数都是方桌。当然有个例外，就是饭桌是圆的，那是因为中国人喜欢在饭桌上解决办公桌上解决不了的问题。

按照西方传统，亚瑟王与圆桌骑士的故事人尽皆知，所谓王与骑士共同治国理政，圆桌上大家平等。同理，我们发现联合国的主会场也是圆桌，体现国家间平等；各国的议会基本以椭圆形为主，体现议员间平等。因此，从西方传过来的焦点小组座谈会，也一定要用圆桌，体现参与人之间的平等性，让大家更放松，加上茶点、饮料，让参与者能真正发表真实意见。

一般地，会场由两部分组成：会议室和观察室。会议室和观察室原来是一间，中间隔断，再设置一面单面镜，观察室可以看到会议室的全貌，而会议室只能看到墙上有一面硕大的镜子。为了让参与者避免觉察，观察室的门通常从另一个方向打开，类似《琅琊榜》里靖王府和苏宅的关系。观察室都是一个长方形，一般设置一张长条桌和 4~5 个座位，沿着单面镜依次排开，最里面的位置往往是书记员，他是一位打字很快的专业速记，能几乎实时地将会议室内各人的发言记录为电子文档。外面的几个位置是观察员，通常是焦点小组座谈会的委托方或承办方的业务督导。注意，观察室不能开灯，也不能产生明显的亮光尤其是鼠标灯之类的穿透性很强的光，因为这样会引起会议室的注意。另外，会议室内设有收音器，实时地给观察室同步会场音频。主持人一定是面向单面镜即观察员的，方便观察员监督主持人的表现，也降低了参与者发现观察室的风险。

焦点小组座谈会一般持续 1~2 小时。在开会时，主持人应该先向参会者解释焦点小组讨论会的目的，即鼓励他们彼此交提而非向研究者提出自己的观点，主要是鼓励他们积极参与彼此的谈话并阐明自己的观点及认知框架。

主持人通常由经验丰富的市场调查公司经理担任，要求具有很好的控场能力。第一，主持人要清楚地表达话题；第二，主持人要适度礼貌地压制那些强势而话多的参与者，避免对其他参与者产生过多影响；第三，主持人要主动询问那些内向而不愿表达的参与者，使其积极参与讨论。

焦点小组座谈会的成本较高，一般为 8000~15000 元，其中给参与者的礼金（包括车马费）与委托方的产品档次有关，一般奥迪、奔驰之类的豪华车调研礼金在 500 元 / 位以上，而普通的快速消费品座谈会 200 元 / 位足矣。

第五节　案例分析法

案例法乃由美国哈佛大学法学院创始。1870 年，在兰德尔出任哈佛大学法学院院长时，法律教育正面临巨大的压力：其一是传统的教学法受到全面反对；其二是法律文献急剧增长，这种增长首先是因为法律本身具有发展性，其次是在承认判例为法律的渊源之一的美国表现尤为明显。兰德尔认为，"法律条文的意义在几个世纪以来的案例中得以扩展。这种发展大体上可以通过一系列的案例来追寻"。由此，揭开了案例法的序幕。

案例法在法律和医学教育领域中的成功激励了商业教育领域。哈佛大学洛厄尔教授在哈佛创建商学院时建议，向最成功的职业学院法学院学习案例法。在改革开放以后，中国的 MBA 教育遍地开花，号称 MBA 鼻祖的哈佛大学商学院带来的案例化教学，正是中国现代 MBA 教育的基础模式。

其实在中国，案例分析法也有非常悠久的历史，那就是中医。中医和西医从数据分析方法而言完全是两套路子。西医是经典的定量分析 + 分类树，再疑难的病例也会归入分类，用定量的方法来处理；绝大多数的西医处理方法都是分类后按标准化方法医疗。而中医却是定性分析 + 案例库，再简单的病例也是孤例，具体问题具体分析，药物配伍和用量每个人都不同。因此，如果不存在医德问题，中医的效果取决于医生的个人案例库的丰富程度，越老越吃香；而西医的效果由医生的教育水平也就是学历决定，越高越权威。

在 1990 年夏天，效力于比利时甲级联赛 RFC 列日队的中场球员让·马克·博斯曼（Jean-Marc Bosman）的合同在赛季末到期，俱乐部准备将其年薪削减 60%，因此博斯曼希望转会到法国的敦刻尔克俱乐部。但当时敦刻尔克无力支付 RFC 列日俱乐部开出的高额转会费导致转会泡汤。此时，在旧有转会体制下，即使球员合同到期，别的俱乐部要招入他也必须向球员的原俱乐部支付转会费才能成行。这与现在的职业体育制度显然是不同的，区别就在于博斯曼的"冲冠一怒"。

在接受了法律咨询后，博斯曼在 1990 年 8 月将 RFC 列日队和比利时足协告上法庭。同年 11 月，比利时一家地方法院裁定博斯曼转会合法，比利时足协胜诉。半年后，比利时上诉法庭裁定驳回上诉。

1992 年 1 月，博斯曼向政府申请失业救济被拒，一怒之下将官司打到位于荷兰海牙的欧盟法院，索赔 100 万美元，理由是俱乐部不放自己转会违反了欧盟"关于欧盟各国公民有权自由选择居住地和自由择业"的《罗马条约》。博斯曼同时要求欧盟责令欧足联放开对非欧盟球员的限制，因为这种限制从根本上来说是一种种族歧视。

1995 年 12 月 15 日，欧盟法院最终于做出了有利于博斯曼的裁决。法案出台后，欧盟范围内的球员开始加速流动，小俱乐部的球员都希望能等到合同期满加盟豪门。博斯曼法案同时禁止欧盟成员国本地联赛及欧洲足协在比赛限制非本地球员的数目，但不包括非欧盟的球员在内。博斯曼法案作为一个经典的职业体育判例，深刻地影响了世界体育的各个协会。无论是美国的 NBA、MLB、NHL，还是欧洲的五大联赛，都认可博斯曼法案的示范作用，尊重"自由身"球员的自由转会行为。

1937 年 10 月，在中共中央所在地延安，发生了一起震惊陕甘宁边区、影响波及全中国的重大案件。时任红军抗日军政大学第三期第六队队长的军官黄克功，因逼婚未遂，在延河畔枪杀了陕北公学学员刘茜，由一个革命功臣堕落为杀人犯。此事发生后，在边区内外引起了很大的震动。在国统区，国民党的喉舌《中央日报》则将其作为"桃色事件"大肆渲染，攻击和污蔑边区政府"封建割据""无法无天""蹂躏人权"。这些叫嚣一时混淆了视听，引起了部分不明真相人士的猜疑和不满。事件发生后，中共中央、中央军委、边区政府高度重视，中共中央和中央军委在毛泽东的主持下召开会议，经过慎重讨论，决定将黄克功处以死刑。这件事被称为"黄克功事件"。

而此前的 1936 年，国民党军官张灵甫枪杀了结婚三载的第二任妻子吴海兰。东窗事发后，张灵甫遭到了妇女界的一致讨伐，张学良的夫人于凤至甚至亲自将请愿书交给了蒋介石，蒋介石迫于压力，原定处以死刑。但胡宗南出于怜才，没有执行蒋介石派人押解张灵甫到南京受审的命令，而是要求张灵甫自解南京。张灵甫带着少量盘缠上路了，用完了盘缠后他就卖字糊口，一路走走停停，两个多月才来到南京。随后被判入狱 10 年，在南京"模范监狱"服刑。但是仅仅在 1937 年 8 月，张灵甫就被释放，并任 74 军 51 师 153 旅 305 团上校团长。张灵甫"古城杀妻"案自此不了了之。

对比这两个案例，可以很容易分析出为什么最后共产党能战胜国民党，黄克功的战友们为什么能歼灭悍将张灵甫和国民党军。

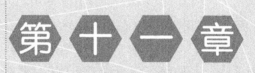

第十一章

量的分析：定量
分析方法

本章所提及的定量分析方法是指方法论，即关于方法的方法。我们平时所做的任何实际分析应用，几乎都是以下多种方法的实例、变形或组合。当然，本书无意对这些方法进行科普，而将重点放在一些有深度的使用技巧上。因此，如果读者是具有一定的数据分析实践经验，尤其是那些对数据分析已经有些厌烦的分析员，得到的收获将比初学者更大。

第一节 比较分析法

对比分析法也称比较分析法，是通过实际数与基数的对比来提示实际数与基数之间的差异，借以了解经济活动的成绩和问题的一种分析方法。比较是人类的本能，孔融让梨的故事首先就得有两只梨的大小比较，而同学会的各种优越感与不快也大多是由于比较产生的，所谓"人比人气死人"说的就是比较分析法的直观体现。

这里面有两个概念，一个是实际数，另一个是基数。实际数是说进行比较的主体，也就是分析主体所观测到或得到的一个结果，往往是当前的一个状态，例如 2016 年里约奥运会中国代表团获得 26 枚金牌。基数则是与实际数来进行比较的对象，如 2012 年伦敦奥运会中国代表团获得 38 枚金牌。两者进行对比，就是比较分析法，如 2016 年中国奥运代表团获得的金牌数低于 2012 年上一届奥运会的表现。

一般地，我们擅长使用的是绝对数比较，使用的基数也是历史值，如在电信业经营分析中经常出现的同比、环比两个经典口径。其实，相对数比较更有价值，如结构相对数、比例相对数、强度相对数、计划完成程度相对数等。结构相对数可以比较两个不同业务单元的收入构成，比较其健康程度，如非话业务占比、固移融合占比；比例相对数则可以比较一些业务的发展细节，如拆装比；强度相对数可以较好地衡量一些特殊的情况，如声强的分贝、地震的里克特级数等；计划完成程度相对数则是经营分析中的常见指标，如收入进度完成率、用户发展完成率等。

当然，除了引入相对数来丰富绝对数之外，我们可以通过灵活地使用对比分析法的标准来提升分析水平。对比分析法的标准大体分为时间标准、空间标准、经验或理论标准与计划标准四大类。

时间标准即选择不同时间的指标数值作为对比标准，最常用的是"同比"和"环比"，这个不是本书讨论的重点。

空间标准即选择不同空间指标数据进行比较。这是非常值得使用却容易被忽略的一个标准，存在相似的空间、先进的空间和扩大的空间三个主要维度。相似的空间即条件类似的同级别对象，比如对北京而言，相似的空间是上海、深圳这样的一线城市。先进的空间是比当前分析目标更出色的对象，如驻马店对比郑州、郑州对比北京。扩大的空间是比当前分析目标更大范围的总体，如西城区对比北京市、北京市对比全国。为什么要使用这三种空间标准呢？举个例子，当某运营商沈阳分公司 2016 年的收入同比增长率是 +5% 的时候，我们到底该如何评价？使用相似的空间，对比其他的区域中心城市如武汉、西安，显然更加可信；如果使用先进的空间，比较北京分公司和上海分公司的同期业绩，也可以得出更全面的角度；而沈阳分公司对比辽宁分公司甚至对比全国总公司的业绩，显然是增加了说服力。重庆市的 GDP 增长率连续称雄全国，如果不放在相似的空间（对比天津）、先进的空间（对比北京）、扩大的空间里（对比全国）又如何能显其不凡呢？当我们缺乏思路，不知道如何通过比较来描述一个事实，那么可以试试以上三个空间标准。

另一个非常新颖的是经验或理论标准，即通过对大量历史资料的归纳总结得到的模型级指标，如衡量生活质量的恩格尔系数、衡量不平衡程度的基尼系数和衡量混乱程度的信息熵等。在乏味无比的同比、环比包围中，如果能眼前一亮地看到基尼系数模型，是不是非常惊讶？笔者曾经做过这样一个模型：当分析运营商海量 Wi-Fi 用户的使用习惯时，分别绘制出时长分布和流量分布的两条洛伦兹曲线（就是基尼系数的计算基础），直观地表现了两个基尼系数的不同，得出了时长分布均衡而流量使用水平差异巨大的结论，为时长计费转向流量计费提供了可信的论据。

最后一个标准是计划标准，即与计划数、定额数、目标数对比，本书不再赘述。

对比分析法的应用形态常用的有预算完成对比分析、收入构成对比分析、拆装比对比分析、增值业务渗透率对比分析、ARPU 对比分析、ARPU 变化率对比分析等，但这些业务指标不是关键，重要的是使用不同的分析标准，尤其是三个空间标准。

第二节　因素分析法

因素分析法又称连环替代法，是指数法原理在经济分析中的应用和发展。它根据指数法的原理，在分析多种因素影响的事物变动时，为了观察某一因素变动的影响而将其他因素固定下来，如此逐项分析、逐项替代，故称因素分析法或连环替代法。

它将分析指标分解为各个可以计量的因素，并根据各个因素之间的依存关系，顺次用各因素的比较值（通常即实际值）替代基准值（通常为标准值或计划值），据以测定各因素对分析指标的影响。例如，某个财务指标及有关因素的关系由如下式子构成：实际指标 $P_o = A_o \times B_o \times C_o$；标准指标 $P_s = A_s \times B_s \times C_s$；实际指标与标准指标的总差异为 $P_o - P_s$，这一总差异同时受到 A、B、C 三个因素的影响，它们各自的影响程度可分别由以下式子计算求得：

A 因素变动的影响：$A_o \times B_s \times C_s - A_s \times B_s \times C_s$；

B 因素变动的影响：$A_o \times B_o \times C_s - A_o \times B_s \times C_s$；

C 因素变动的影响：$A_o \times B_o \times C_o - A_o \times B_o \times C_s$。

最后，将以上三大因素各自的影响数相加就应该等于总差异 $P_o - P_s$。当我们第一次看到这个方法，估计是将信将疑、难以置信的。实践出真知，本书从一个实例开始。

在 2011 年 11 月，某运营商的某省分公司经营分析中，领导提出 MOU 从 5 月的 402 分钟 / 用户月下降到 10 月的 364 分钟 / 用户月，欲分析其原因。在此场景下，MOU= 总话务量 ÷ 总用户数，实际指标是 $P_o = A_o / B_o$，而标准指标是 $P_s = A_s / B_s$，实际与标准的差异 $P_o - P_s$ 受到 A 和 B 两个因素的影响。根据因素分析法的定义，因素 A 变动的影响由公式 $A_o / B_s - A_s / B_s$ 得出，而因素 B 变动的影响由公式 $A_o / B_o - A_o / B_s$ 得出，在本模型中，P 指标是 MOU，而 A 指标是话务量，B 指标是用户数。

2011 年 5 月 MOU 为 402 分钟（P_s），话务量 108 亿分钟（A_s），用户 2 692 万户（B_s）；

2011 年 10 月 MOU 为 364 分钟（P_o），话务量 117 亿分钟（A_o），用户 3 212 万户（B_o）。

话务量的影响因素 =116.831 5×10 000/2 692.404-108.157 9×10 000/2 692.404=+32 分钟

用户数的影响因素 =116.831 5×10 000/3 211.746-116.831 5×10 000/2 692.404=-70 分钟

结论：话务量增长带来的影响是 +32 分钟，而用户数带来的影响是 -70 分钟，说明用户数增长很快的同时话务量增长相对不够，两个因素共同造成 2011 年 10 月相对 2011 年 5 月移动 MOU 下降 38 分钟这一结果。

可见，不仅仅是简单的乘法组合关系，四则运算用因素分析法都是支持的。必须提醒读者的是，影响因素的量纲与分析指标的量纲一致，其正负号取决于该因素是处于分子还是分母，值变动是正向还是负向。

第三节 分组分析法

按照统计分组原则,对于一个总体或集合,其各层次的组成部分之间都有内在的联系。对这些指标的分析可以从不同的侧面去解剖和分析总体,以便从其内部结构和内在联系发现问题。这种将复杂的分析对象进行分组,可以有效地找出关键信息,一般称为分组分析法。

分组分析法的指导原则其实是分而治之。例如,攒不下钱是个问题,要解决无非从两个方面——开源和节流;开源分为提高数量(加班、兼职)和提高质量(跳槽、升职),节流分为降低采购成本(团购)和减少需求(少买);以此类推,可以继续分解下去,直到找到合理的解决办法。

分组分析法的核心是分组的三个标准:数量标准、区域标准和专业标准。

数量标准说明应关注的重点,如关键业务单元收入完成率、增量拉动等,一般我国西部省份省会城市的份额约占全省的 50%,基本上决定了全省的价值表现。数量标准意味着抓重点,对于要分析的对象,找出最关键的部分进行分析。

区域标准则认为不同的区域一般代表不同的市场特征,如东部、中部、西部。不同区域存在的差异主要是消费者所处的文化或亚文化造成的,北方人豪爽,南方人精明,东部人开放,西部人淳朴。一线城市大家更认可苹果、三星和华为,而 VIVO、OPPO 和小米是二三线城市的霸主,四五线城市则偏好联想、酷派、魅族等品牌。貂皮大衣在海南是卖不动的,哪怕是在"黑龙江省三亚市",而杨桃这样的水果在乌鲁木齐也敌不过本地的哈密瓜。把整体分成不同的区域,可以有的放矢,得以匹配更好的分析结论和营销方案。

专业标准是指业务板块的概念,在电信行业如固网、宽带、移动、增值等,即不同的细分市场。同理,在服装制造业,可分为男性市场、女性市场、儿童市场和老人市场。专业标准是分组分析法最容易想到的维度,但往往需要结合因素分析法把各个因素进行分解才能得出影响比例。

分组分析法最常见的一个误用就是样本的选择,比如在 31 个省各选一个地市作为样本来分析地域经济发展的健康程度，应该如何选取地市是个难题。其实很简单，原则就是不走极端。比如在北京市，不建议选择发展最好的东城区、西城区和海淀区，也不要选择门头沟、密云、延庆等远郊区县，而最合适的是朝阳区。类似地，在山东不能选择济南、青岛，也不宜选择日照、莱芜，而应该选择潍坊或淄博等中游地市。这就好比买车，总盯着劳斯莱斯、宾利并不合适，同样奥拓和奔驰也不是最佳选择，最畅销的永远是 A 级车，比如朗逸和轩逸。

第四节 异常分析法

管理者或专业的分析人员对企业经营管理的各种经济现象中比较突出的部分进行分析，就基本可以找到问题所在和解决办法，这种方法称为异常分析法。

管理的核心就是异常情况管理，而组织里的各级领导存在的意义就是处理各种异常情况。这是因为，一般比较正规的组织都建立了完善的现代企业制度，各项规定和业务流程已经固化，各个岗位的人员可以按照自己的职责和能力妥善处理一切正常的业务，完全不需要领导进行干预，公事公办而已，没有太多需要请示的事情。但是，异常情况的出现是不可避免的，比如政策环境、上游供应商、下游渠道商、消费者偏好和口碑等因素的变化，都会带来巨大的影响，从而需要各级管理者进行干预，这才是管理者的核心作用，而不是各种官僚主义。

做数据分析有一句经常被提起的话，叫"对数据敏感"。一般认为，经验丰富的资深分析师在这一点上做得较好，而初学者们则不够敏感。其实没那么复杂，只需要把握两个标准即可，那就是 TOP 标准和设定标准。

TOP 标准：按照全部（或分组）排名，找出前 n 名和后 n 名。在总部做全国分析的时候，除港、澳、台地区之外的 31 个省级单位，某个指标排名后，直接选取前 3、后 3 或者前 5、后 5 即可，这就是所谓的异常。异常也要区分好或坏，其中指标的业务意义很重要，例如离网率就是越低越好，这时候要注意把较优的单位往前排，改为升序排列。

设定标准：按照"同一把尺子"观察分析不同的对象。同样是 31 个省的分析，排序后按照设定的标准，在标准以上的是达标，在标准以下的是未达标。当然，如果指标是越低越好，那么标准则是相反的。

TOP 标准就是排序后的两把刀，竖着切，分为好、中、差三个区域。相对地，设定标准就是排序后的一把刀，横着切，分为达到和未达到两个区域。两者相得益彰，配合得当后可以有效地解决初学者"数据不够敏感"的问题，快速上手。

第五节　结构分析法

结构分析法是在统计分组的基础上，计算各组成部分所占比重，进而分析某一总体现象的内部结构特征、总体的性质、总体内部结构依时间推移而表现出的变化规律性的统计方法。结构分析法的基本表现形式，就是计算结构指标。结构指标即总体各个部分占总体的比重，因此总体中各个部分的结构相对数之和是 100%。其公式：

结构指标（%）=（总体中某一部分／总体总量）×100%

结构分析法的表现形式就是常见的饼图或堆积图，体现了某个分析对象各部分的组成关系。关于饼图的用法，有三点需要澄清：第一是量接近，如果各成分之间的比例极为悬殊，那么不如采用堆积图或柱形图、条形图来展示，饼图的视觉效果会让人感觉非常冗余；一般地，相邻两个成分之间的比例不超过 10：1。第二是性可比，即收入不和话务、流量放在一个结构饼图中。第三是质类似，即不同单位和层次的不放在一起，如杭州市与江苏省不可在一个饼图出现。

当然，最重要的是，结构分析法要做到 MECE 原则，图 11-1 是《柴静雾霾调查：穹顶之下》中的一张分析图片，里面用到了结构分析法，那么，这里面存在哪些明显的错误呢？

首先，机动车、燃煤、工业生产、扬尘和其他五种成分就显示出了策划者

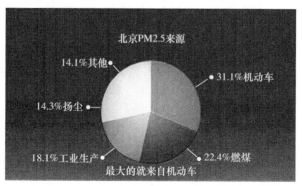

图 11-1　北京 PM2.5 来源

数据分析功底的薄弱。按照我国政治经济学的划分，首先应该分为第一产业、第二产业和第三产业。第一产业以农业为主，提供基本生产资料，包括畜牧业、林业、渔业等；第二产业则是采矿业、制造业、电力、燃气及水的生产和供应业、建筑业等，提供生产工具和部分生产原料；第三产业则是除了第一产业和第二产业外的其他产业，主要是服务业，包括交通运输、仓储邮政、信息传输、计算机及软件、批发零售、酒店餐饮、金融、房地产、商业、科学研究、技术服务和地质勘查、教育、卫生、社会保障福利、文体娱乐、公共管理等。

工业生产主要是第二产业，燃煤主要是为工业提供动力，也属于第二产业，扬尘主要来自第二产业的建筑业，机动车则主要属于第三产业中的交通运输业。同时，除了三大产业的生产，还有一个重要的雾霾来源未被指出，那就是消费。生产和消费都是人类社会生活的两大方面，怎么可以偏废？此外，第一产业的秸秆燃烧，也是重要的雾霾来源，图 11-1 并未提及；第二产业的燃煤除了产生颗粒，湿法脱硫造成的空气水分过大也是雾气重重的重要原因，由于专业知识缺乏，图 11-1 也未能提及；第三产业中的路边烧烤、垃圾焚烧、环卫树叶处理也是雾霾的来源，图 11-1 根本没有考虑。消费中的私人烧烤、私家车尾气、祭祀烧纸、自采暖相比三大产业也不遑多让，但被忽视。

那么，根据我们的科学分析，按照结构分析法，雾霾的来源应该分为生产和消费两大块，再细分为第一产业的秸秆燃烧、第二产业的燃煤发电和建筑扬尘、第三产业的交通工具排放（航空燃油、公路运输和铁路内燃机）和酒店餐饮排放、个人消费的空气污染四大部分进行分析，这才是一个完整的结构分析法，而不是用不明所以的其他 14.1% 来含糊其辞。

第十二章

主题分析：每个月的那几天

第一节　主题分析的概念

经营分析的所有工作都可以大体分为两类：主题分析和专题分析。相信从第九章的流程图中可以看出两者分别存在着常备和临时的特征属性。

"主题"的意思是遵循一定的规范化聚焦点，例如收入、用户数、业务量进行分析。有主题的分析一定是井井有条的，决策者可以在自己预期的位置看到想要的数据和分析结论。总之，主题分析是每月固定按照一定框架和对象来组织的针对基本面的宏观经营分析工作。

主题分析应该做如下几个方面：

■ 基本面分析：经营分析的首要任务就是对经营基本面的全面掌握，让决策者及时掌握企业经营的关键指标，如收入、成本、利润、用户数、业务量等。

■ 面面俱到的运营数据：各业务板块的详细数据是需要逐步展开展示的，例如移动业务里的语音通话时长、手机上网流量、短彩信业务量、无线宽带用户数、增值业务订购量、行业应用业务量、各业务的收入等。

■ 找出表面问题：如果能从宏观的统计汇总数据直接看出异常问题的，

则需要在主题分析部分直接提出。

■ 聚焦异常情况：找出宏观的异常情况，例如关键业务的收入下滑、用户流失、成本上升、政策风险、合作中止等。

■ 对异常进行因素分解：异常情况可以用简单的因素分解或结构分析来锁定关键影响因素，进而通过专题分析了解内在的作用机制，从而标本兼治，解决问题。

主题分析不应该涉及如下几个方面：

■ 深入分析：主题分析不能太深入，否则就容易产生错误的结论。用装修工的伸缩尺去测量火箭发动机显然是不合适的。事实上，主题分析所利用的统计学模型也不可能做到知识层次、模型级别的分析。

■ 试图找出根本原因：主题分析是找问题的，不能要求主题分析直接给出影响机制和根本原因。很多深层次的原因是主题分析的数据所不能支持的，必须引入用户级的账单数据甚至详单才能揭示。

接下来讲讲主题分析需要用到的一些表达技巧。

一般主题分析都是使用 PowerPoint 来表现的，无外乎就是图形、文字和表格。这三种元素应该遵循一种规范的组织方式。众所周知，图形出现得最早，一图抵万言，从信息论的角度来说，图形的单位面积信息量远远大于文字。《三国演义》这样的小说，小人书比正本好看，容易理解，所以其原则是"能用图形表达的不要用文字表达"。

表格出现得最晚，但是其历史也非常悠久，河图洛书中的九宫格可看作是表格的早期形式，不过在洛书时代，象形文字已经成熟。因此，如果没有特殊的整理需要，"能用文字的不要用表格"。

■ 图形用于各种定性表达和定量分析，尤其是在大量数据进行对比分析时。

■ 文字用于各种说明，一定要简练，省略无用的连接词，多概括，最忌讳"PPWord"。

■ 表格主要用于定性分析和宏观的定量分析，要用颜色和字体等标注重点部分。

另外，关于分析材料的页面组织，有个页面重心理论值得参考。

第一代平衡理论是左右平衡，要求元素大小、数量基本左右平衡。左边一个圆形，右边也放一个圆形，就算不是圆形，也放一个方形。这种最基本的要求，让画面显得不会偏向左边。第二代平衡理论是颜色平衡，要求配色与元素综合平衡。例如，左边放一个白色的圆形，右边放一个黑色的圆形，如果两个圆形一样大，会显得白色圆形更大，但更轻，而黑色圆形更小，但更重，结果就是右边显得重，为了平衡，就需要黑色的圆形变得更小。第三代平衡理论是内容平衡，要求以浏览者关注点为重心做到元素、配色和内容的综合平衡。这是一种"state-of-art"型原则，形状、配色和内容都要综合考虑，真是说起来容易做起来难。

从观众的视角，另一个 F 理论也很有趣，讲的是用户浏览网页的眼球聚焦顺序。

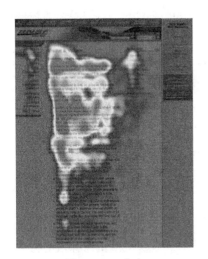

图 12-1　F 分布

如图 12-1 所示，第一步水平移动，浏览者首先在网页最上部形成一个水平浏览轨迹。第二步目光下移，短范围水平移动，浏览者会将目光向下移，扫描比上一步短的区域。第三步垂直浏览，浏览者完成上面两步后，会将目光沿网页左侧垂直扫描；这一步的浏览速度较慢，也较有系统性、条理性。F 理论给我们的启发是：最上面一行是最关注的，这说明标题非常重要；左上的关注度很高，所以关键的文字点评都要放在左上，左文字、右上图、右下表这种结构是比较自然的。

第二节　主题分析的组织方式

主题分析的组织方式是依据一个核心数据模板，按照一定的分析框架形成分析报告。可以说，数据模板就是主题分析的命脉和灵魂。

数据模板的制作一般分为以下几个步骤：

（1）确定 PPT 模板。数据模板最终是为了分析材料服务的，因此，有什么样的分析目标和主题，才有什么样的数据模板。PPT 模板其实就是主分析框架，下面举例说明。

主题分析模板的标准框架例子如下：

■ 上月工作完成情况：上个月制订的任务，这个月完成了吗？

■ 本月 KPI 完成情况：这个月干得咋样？

■ 全业务收入完成及预算对标：收入是命脉，收入预算是落后还是领先？

■ 全业务收入完成及预算对标（分省）：哪些省冲得猛，哪些省在拖后腿？

■ 用户发展及用户质量分析（移动用户、4 G 用户、ARPU、MOU、拆装比、离网率）：用户还在不在，中高端用户怎么样了？

■ 流量分析（总体、分业务、分省）：流量涨得快不快？

■ 话务量分析（总体、分客户群、分省）：话务跌得快不快？

■ 业务 1（全省、分地市）的收入、用户数、渗透率、活跃率：关键业务 1 如何？

■ ……

■ 业务 N（全省、分地市）的收入、用户数、渗透率、活跃率：关键业务 N 如何？

■ 重要工作或促销活动分析（工作完成进度、质量的叙述和评估）：百日劳动竞赛进展如何？

■ 重点工作分省完成情况（综合评分）：给各省打个分吧！

■ 小结：给领导的总结论，如果时间紧，看一前一后就行了。

■ 专题分析：做的专题，就放这里吧，时间紧就不看了……

■ 下一步工作：为下个月准备的"坑"。

（2）Excel 底表（确定数据框架）。根据分析框架，要有对应的数据框架支撑。首先要设计数据底表的基础结构，如包含哪些业务板块，每个板块的关系是怎样的，即树状结构的上下级层次关系。

（3）Excel 底表公式（公式匹配和测试）。底表必须用公式进行连接才有意义。

（4）数据更新（上月数据 / 本月数据）。当新的一个月的数据来了后，数据需要更新，当然公式都是自动写好的，不需要更改。

（5）分单位表（批量复制）。每个下级单位的结构与总部都是一致的，只是选取数据的范围不同，如果是 31 个省则有 31 组表。

以运营商总部级分析模板作为示例的组织结构如下：

■ 集团分业务总表

◇ 20××/20××+1/ 增量 / 累积同比 / 结构 / 结构变化

■ 集团分业务大表

◇ 各业务的时序数据，逐月的累积同比（收入和话务），累积净增（用户）

■ 分省分业务总表

◇ 20××/20××+1/ 增量 / 累积同比 / 结构 / 结构变化

■ 分省分业务大表

◇ 各业务的时序数据，逐月的累积同比（收入和话务），累积净增（用户）

■ 分省汇总：数据模板的灵魂（定式）

■ 分省过程：调整顺序和格式

第三节　主题分析的关键点

主题分析模板需要注意以下三个关键点。

1. 稳定性

主题分析模板每年都更新，但是一年内原则上不再调整，只是每个月新的数据入库而已。但是，例如 2008 年 CDMA 网络并入电信、2009 年 3 G 发牌、2013 年 4 G 发牌、2016 年移动宽带解禁等影响业务结构的大事件发生后，由于业务板块的变化，模板必然要即时响应，以支持分析需要。

2. 关注 KPI

中国的运营商表面上是垄断行业的巨头，实际上论竞争惨烈程度，别说是全球电信业，就是换在其他行业都是当仁不让的。无论是电信、移动还是联通，都有两个关键的上级：一个是工信部，行政主管部门；另一个是国资委，投资人暨大老板。工信部希望三家都发展得好，但市场就这么大，增量就那么点，肯定有人欢喜有人愁。国资委更狠一点，既要求三家保值增值，又规定了绩效较好的才能涨工资总额，于是 KPI 就成了运营商各级领导心中永远的痛。毫无疑问，主题分析模板的主线一定是 KPI。

3. 强大的公式

公式的实时响应是 Excel 相比 SPSS 等统计分析软件的最大优势，也是成为数据模板工具的主要理由。公式的强大主要体现在以下几点：第一，要有校验功能，如果公式可能存在错误，比如被 0 除，就要提前用 IF 语句进行一步预防，从逻辑上事先引导、捕捉和处理异常。第二，要有"清空"功能。我们知道，模板全年不变，那么当全年数据没有到位的时候，有些位置的公式又是提前写好的，如果没有清空功能，将显示一个非常滑稽的结果。清空功能可以确保没有数据的那部分月份对应的格子是空的，显得既美观又专业，用 IF 语句实现即可。第三，要注意尽量使用"绝对引用"，少用或不用"相对引用"。绝对引用是指跨越 Sheet 间的数据链接，而相对引用是同一个 Sheet 内的数据链接。为什么要舍近求远地使用绝对引用呢？这是因为，总部往往有 31 个省级二级单位，分省的表结构与总部并无二致，如果用了相对引用，那么公式在批量替换的时候会出现很多错误，所谓牵一发而动全身。而绝对引用由于可以将数据源对象锁定在某个预先设置的 Sheet 内，可以集中管理，非常方便进行数据更新。在第十三章的实例中，我们将看到详细的处理方法。

要将主题分析做到最好，无非就是两个提升方向——更快和更准。为了提高速度，模板必须做到高度的自动化。这种自动化的目标就是，设置较少的参数（例如只有一个当前月份标签），公式都自动更新。在参数变化的情况下，相关展示数据能自动更新，而且报表可以直接打印。具体表现就是，新一个月的数据出来以后，直接贴进模板的当前月 Sheet，然后更新当前月份标签（也就是 +1），然后报表可以直接打印给决策者做成快报。为了更准确，模板必须有自动校验的功能，另外，对异常数据能通过条件格式自动显示，并且对各种计算异常能显示正确的结果，即前文提到的"校验""清空"等功能。

第十三章

主题分析模板：
简单的灵魂

第一节　模板框架设计

第十二章我们已经认识到了主题分析模板是主题分析的灵魂，要求自动化、快速、灵活、易用、准确。而且，我们知道了模板大体分为集团分业务总表和大表、分省分业务总表和大表、分省汇总和分省过程几个部分。

为了增强界面的友好程度，一个完整的主题分析数据模板还需要增加封面、目录和关键参数页等，当然，这几项其实可以集成在一个 Sheet 上。

（1）封面页。一般写明数据模板的用途，例如"中国 ×× 集团公司经营分析模版"。封面页描述文档属性信息，如标题、版本号、作者单位、姓名和联系方式等，便于其他使用者联系答疑。

（2）目录页。目录页的目的是为了便于查找特定的页面，如某个分公司。当然每个月更新的时候，目录页还可以帮助使用者快速定位到需要更新数据的特定空页面中。

（3）参数页。参数页一般只有一个参数，就是当前月份标识。如果有其他参数需要设置，应统一放置在本页中。

（4）综合评分页。综合评分一般是对分公司的量化评价，使用多个指标进行加权评分得出。

（5）集团分业务总表。总表首先是一种汇总表，它提供主题分析部分所有不区分单位的展示数据，但不包括时序数据。总表一般是对各项业务进行逐层按板块分解，例如总收入分为固网和移动，然后固网和移动再分别分解为语音、流量、宽带、增值等。

（6）集团分业务大表。大表的核心价值在于提供总表中各项汇总数据的时序数据，提供主题分析部分展示数据中涉及走势和趋势部分的基础素材。大表基本上也是按照总表来组织的，由于增加了时间维度，大表的规模看起来比总表要臃肿不少。

（7）分省分业务总表。分省的总表与集团总表从结构、样式和公式都是完全一样的，是完全复制的结果，区别是分别引用不同省的数据。

（8）分省分业务大表。分省的大表与集团大表从结构、样式和公式也都完全一样。同样，每个省的表引用自己所在省的数据。

（9）分省汇总表。分省汇总表是整个模板的核心控制单元和数据中转中枢。它从多个月份表中提取数据，经过一定格式的整合，再提供数据给从集团到分省的总表和大表。如此设计的好处是，只要分省汇总表不出错，就不会大面积地产生数据错误，缺点当然也是分省汇总表的公式一个都不能错。

（10）分省过程表。分省过程是分省汇总与月份表之间的桥梁，类似软件的"中间件"。一般来说，企业经营分析系统中的分公司顺序及格式与需要展示的样式是存在差异的，尤其是在数据源来自多个分立系统的情况下，必须通过分省过程这样的表来进行中转和调整。另外，有些汇总口径是定制化的，如中国电信和中国联通存在南北差异，会要求南方汇总、北方汇总，即使是中国移动，也可能需要按东、中、西分别汇总，类似工信部的汇总方式。对于某些特殊的客户群，如政企客户部，内部的定义 A 类、B 类、C 类、D 类省公司，也可能需要特殊口径的分类汇总，那么分省过程就能自动实现这个汇总的口径调整，方便分省汇总表直接计算。

（11）月份表。根据分析需要，月份表一般设置 36 个 Sheet，每个月 1 个页面。其实，之前笔者也曾经尝试过按照每个业务、每个单位进行组织。后来发现了一个不可回避的问题，就是数据每月更新且整体到达，不分业务和单位；如果不按照时间维度来组织基础数据表，那么每个月数据更新的时候，贴数据就是一个重复劳动，还容易产生人为的操作失误。因此，按照数据到达的自然特征，按月份来组织基础表，是最优的选择。

第二节　双表展示结构

整个模板大体可以分为两大部分，封面、目录、参数、综合评分和各种总表、大表都是前端展示模块，而分省汇总、分省过程和月份表则是后端处理模块。对于总表和大表，我们可以简称为 A 表和 B 表，A 表是总表，代表汇总；B 表是大表，代表时序。由于 31 个省级分公司的表结构与集团表是一致的，因此我们只详细介绍集团的 A、B 表作。

可能有读者注意到了，这里 Excel 用的是打印用到的分页预览模式。前文提到过，A 表和 B 表在月份表更新数据和参数页更新当前月份参数后，数据是自动更新的，于是可以直接打印给领导做简报，因此平时默认的就是用分页预览模式来浏览。

如图 13-1 所示，A 表的结构是比较规范的，首先所有表要有编码和标题，

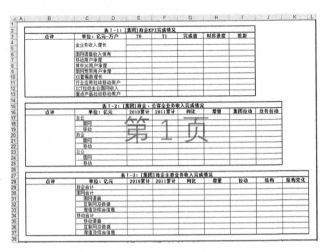

图 13-1　集团公司 A 表示例

第一列是点评，点评可以自己手工写，也可以用 Concatenate 函数自动判决数据走势生成。第二列则是分析项，注意每个层次展开的时候，一定要有自己设定的缩进，避免错误。第三列和第四列往往是上年累计和当年累计，方便计算第五列的同比。第六列以后一般是增量、拉动和结构，是一些详细的分析，体现各模块横向比较的相对贡献。当然，A 表的第一张表必然是 KPI，T0 和 T1 是不同难度的目标，个别单位甚至还有 T2。完成值是相对 T0 的百分比，时序进度一般参照当前月份除以 12 即可，差距就是当前进度与当前月份除以 12 的差。

为了组织方便，B 表也遵循一个非常标准化的框架。如图 13-2 所示，首先每个表都有编码和标题，然后第一列是点评，第二列是时期，注意多年的时序数据不要直接列出，而要采用矩阵式"月 × 年"的方式来组织，这样便于使用累加公式。每个业务模块要单独列出，由于月份表一般是 36 个月，因此B 表展示当年和过去两年的时序数据。此外，累计同比分别是上年和当年的，对应的数据分别是上年比前年、当年比上年。但是，有的业务并不能单纯考虑累计同比，例如用户数就需要采用当月净增或累计净增来替代。

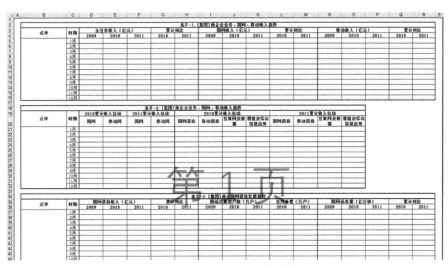

图 13-2　集团公司 B 表示例

关于 A 表和 B 表的结构展示就到这里，本章第四节具体介绍各个部分的关键公式逻辑。

第三节 汇总表、过程表与月份表

分省汇总表向总部以及所有省的 A 表、B 表提供数据，其数据源来自于分省过程表。分省汇总表与分省过程表的结构是完全一样的，我们先看一下这种表的标准框架（图 13-3）。

	A	B	C	D	E	F	G	H	I
1	项目	时期	集团	广东	江苏	浙江	上海	福建	四川
2	政企收入	1							
3	政企收入	2							
4	政企收入	3							
5	政企收入	4							
6	政企收入	5							
7	政企收入	6							
8	政企收入	7							
9	政企收入	8							
10	政企收入	9							
11	政企收入	10							
12	政企收入	11							
13	政企收入	12							
14	政企收入	13							
15	政企收入	14							
16	政企收入	15							
17	政企收入	16							
18	政企收入	17							
19	政企收入	18							
20	政企收入	19							
21	政企收入	20							
22	政企收入	21							
23	政企收入	22							
24	政企收入	23							
25	政企收入	24							
26	政企收入	25							
27	政企收入	26							
28	政企收入	27							
29	政企收入	28							
30	政企收入	29							
31	政企收入	30							
32	政企收入	31							
33	政企收入	32							
34	政企收入	33							
35	政企收入	34							
36	政企收入	35							
37	政企收入	36							
38	政企收入	2009累计							
39	政企收入	2010累计							
40	政企收入	2011累计							
41	政企收入	10年累计同比							
42	政企收入	11年累计同比							

图 13-3 分省汇总表示例

在 A 表、B 表中的任何一个小的子项，比如收入、移动用户数、宽带用户数、话务量、手机上网流量等，都有这样一个标准化的"36+5"的行结构，以及"集团 +31 个省"的列结构。

36 行分别代表 36 张月份表各自对应当前指标的数据，后面 5 行则代表统计数据，通过公式自动生成当前月份下的累计数，进而计算累计同比。当然，如果是用户数，就需要汇总累计净增，而不是直接累计数，累计净增是相对上年 12 月用户数而言的。

32 列代表总部和 31 个省，每个列代表一个单位的好处是，如果写好了集团 A 表、B 表的公式，那么批量复制 31 份后，只需要批量替换公式中的"C"列到"D、E、F"列即可切换不同的省公司，而不需要再麻烦若干次，且还容易出错。必须指出，只有采用了"绝对引用"才可以实现这个效果，虽然做 A 表、B 表的时候要麻烦一些，但这样做是值得的，后面可以一劳永逸。

如果整个分析框架，A 表、B 表中涉及的业务品种繁多，那么这个分省汇总表将是异常庞大的。按照我们的经验，100 多个属性对应 4 000～6 000 行都是非常正常的。注意，这里的公式只能横向扩展复制，而不能按 Excel 常用的习惯那样沿着列拖拽或双击。不用担心公式要写 4 000 行，其实只要完成了一组收入或业务量的 41 行逻辑，再完成一组用户数的 41 行逻辑，这两组就可以复制给其余的模块而根本不需要重新写公式了，最多也就需要 84 个单元格的公式而已。

分省过程的结构与分省汇总一样，具体的逻辑公式在本章第四节介绍。

月份表的结构如图 13-4 所示，每个指标占一行，每个单位占一列，这里

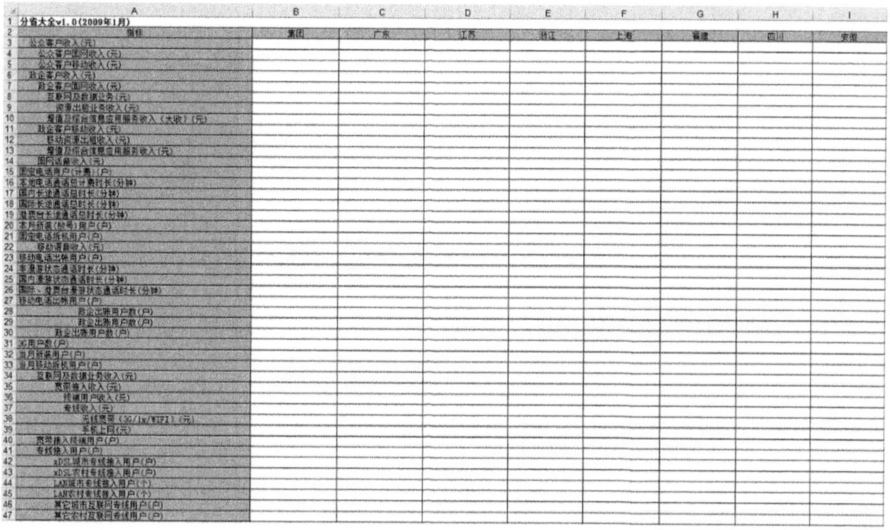

图 13-4　月份表示例

的指标可以在经营分析系统中定制模板，这样每个月只需要调整月份参数，在系统数据开放的第一时间就可以直接下载符合月份表顺序的标准数据表。指标扩展的可能性很大，故而占据行，而单位的变化非常罕见，所以放在列。

注意，这里的单位顺序是经营分析系统中的，而不是最终展示需要的，两者的顺序调整要通过分省过程表来实现。

第四节　公式逻辑与细节调整

本节讲述如何具体让模板活起来，编辑好公式逻辑和具体的细节调整。

首先我们从月份表到分省过程讲起，月份表是从经营分析系统中直接导出的，不带任何公式，只是静态的数值，每行一个指标，每列一个单位。一般有100多行，32列。

如图13-5所示，在分省过程中的集团第一个指标C2格引用了Sheet名为"1"的B6格数值。这里"1"代表月份表的第一个，以此类推，C3格引用Sheet"2"的B6格，C4格引用Sheet"3"的B6格……这里B6格在月份表里面代表了集团公司的"政企客户收入"项。

	B	C	D	E	F	G
	时期	中国	广东	江苏	浙江	上海
1	1	6055285570	1347800031	690378789	571510940	700405858
2	2	6251132644	1433870372	614917617	585521851	739249523
3	3	7282218665	1579610706	668615965	628937247	1033193417
4	4	6754222309	1506930010	712808284	626758603	784679989
5	5	6780307733	1511505082	698190191	610548546	795294934
6	6	7615427192	1630984638	764824337	662592155	901981535
7	7	7010315199	1535416583	727973519	600480544	867031145
8	8	7054412019	1521051817	750657552	604830105	835039655

图13-5　分省过程逻辑

那么，分省的数值如何引用呢？由于月份表和分省过程表都是每一列一个单位，因此只要把前面的B6都换成C6、D6或E6等就可以了，但是不要在分省过程中直接向右整体拓展以扩展公式。这是因为，分省过程有调整省公司顺序的功能，如果广东和浙江要交换位置，那么它们对应的 D 列和 F 列也是要交换的，只能先拖拽扩展，然后选定特定的列，再有针对性地替换公式中的列标识字母。

这样我们就掌握了某个项的月份表如何被引用到分省过程里，也知道了各单位的重排序方法，如果我们要继续写下一项的公式，其实就是把 B6 替换为 B1、B2 或 B3 的过程，因为在月份表中，每一行代表不同的业务项。

所以公式 "C2="1"! B6"，代表了这样的一系列信息：C 代表分省过程中的集团列，变化 C 则代表不同单位，2 代表第一个月份，变化 2 则代表不同月份表；"1" 代表第一个月份表，它与 C2 的 2 是对应关系，B 代表月份表中的集团列，与公式左侧的 C 是对应关系，6 则代表当前项在月份表中的行位置，变化它就变换了不同的业务项。

注意，分省过程表不仅对单位进行重排序，还会合并或生成新的单位，例如在分省汇总表中有图 13-6 这样的公式，西藏公司的某些项是分省过程中两个列的和（图 13-7）。

X ✓	fx	=分省过程!X2+分省过程!Y2					
Q	R	S	T	U	V	W	X
云南	海南	新疆	甘肃	贵州	宁夏	青海	西藏
156807546	40346283	95196638	68986445	78356430	24629745	21889021	24487492

图 13-6　从分省过程到分省汇总

X	Y
西藏	股份有限公司西藏分公司
22767772	1719719
22652000	1520184
28735655	1335221
29060634	2690681

图 13-7　不同单位的组合

原来，一个是未上市部分，另一个是上市部分，所以总部在计算西藏公司总体的时候，要把两部分加起来才可以。有时候这种合并、拆分、汇总和变换在分省过程中直接针对月份表进行操作，也可以在分省过程和分省汇总表的数据传输过程中完成。

图 13-8 是分省汇总的公式示例，可以看出来，由于两者结构完全一样，

如果不涉及单位的顺序调整和合并、拆分、汇总等变化，可以直接引用对应的单元格就行了，类似"C2= 分省过程 !C2"。如果涉及单位的顺序调整，如广东和浙江交换位置，则有公式"D2= 分省过程 !F2"且"F2= 分省过程 !D2"。如果有合并，就会出现上面提到的"X2= 分省过程 !X2+ 分省过程 !Y2"这样的公式。

	C2		× ✓ fx	=分省过程!C2		
	A	B	C	D	E	F
1	项目	时期	集团	广东	江苏	浙江
2	政企收入	1	6055285570	1347800031	690378789	571510940
3	政企收入	2	6251132644	1433870372	614917617	585521851
4	政企收入	3	7282218665	1579610706	668615965	628937247
5	政企收入	4	6754222309	1506930010	712808284	626758603
6	政企收入	5	6780307733	1511505082	698190191	610548546
7	政企收入	6	7615427192	1630984638	764824337	662592155

图 13-8　分省汇总公式

注意，在分省过程里面的"36+5"框架中，后面的 5 行是不需要计算的，空置即可。这 5 行累计的公式是需要在分省汇总中完成的。

前文提到，这 5 行中有 3 个累计值和 2 个同比值。2 个同比值可直接从 3 个累计值得到，这里不需要考虑绝对引用和相对引用，因为分省汇总就是所有前端数据的数据源，绝对引用是为了 31 个省 A 表、B 表公式复制而强调的，对模板后端的数据是不适用的。3 个累计值要与参数页里面的当前月份参数息息相关，毕竟 5 个月的累计值不能与上年 12 个月的累计值计算同比。

看图 13-9 的公式，是不是很复杂？其实就是一个 11 层嵌套 IF 语句，当

	C38		× ✓ fx	=IF(图!$B$1=1,SUM(C2)/100000000,IF(图!$B$1=2,SUM(C2:C3)/100000000,IF(图!$B$1=3,SUM(C2:C4)/ 100000000,IF(图!$B$1=4,SUM(C2:C5)/100000000,IF(图!$B$1=5,SUM(C2:C6)/100000000,IF(图!$B$1=6,SUM(C2: C7)/100000000,IF(图!$B$1=7,SUM(C2:C8)/100000000,IF(图!$B$1=8,SUM(C2:C9)/100000000,IF(图!$B$1=9, SUM(C2:C10))/100000000,IF(图!$B$1=10,SUM(C2:C11)/100000000,IF(图!$B$1=11,SUM(C2:C12)/100000000, SUM(C2:C13)/100000000))))))))))))			
	A	B	C	D	E	F	G
1	项目	时期	集团	广东	江苏	浙江	上海
32	政企收入	31	8650181245	1652639238	852472538	716994455	992512421	390
33	政企收入	32	8766490104	1685731519	883289671	750024771	1009183277	397
34	政企收入	33	8956999950	1704606088	935392640	743908271	1044101034	410
35	政企收入	34	8722159101	1663378721	924580077	726239823	948389977	399
36	政企收入	35	9248368098	1683973747	895213471	760702879	1001997789	422
37	政企收入	36	0	0	0	0	0	
38	政企收入	2009累计	770.70	168.43	79.00	68.27	93.34	
39	政企收入	2010累计	836.57	169.61	85.13	71.73	98.59	
40	政企收入	2011累计	950.74	179.62	97.11	79.58	108.29	
41	政企收入	10年累计同比	8.5	0.7	7.8	5.1	5.6	
42	政企收入	11年累计同比	13.6	5.9	14.1	10.9	9.8	

图 13-9　自动更新的分支逻辑

参数页的固定位置的月份标识是 1 的时候，那么累计值就只汇总每年的第一个月，标识是 2，则汇总前 2 个月，以此类推，当月份标识为 12，则汇总全年数据。这里面除以 1 亿，是因为经营分析系统中的收入数值单位是元，而全集团的汇总用元或万元显得过大，所以这里直接做了量纲调整。

到这里，我们已经学会了后端数据是如何组织起来的，接下来我们看分省汇总的数据是如何链接到前面供展示的 A 表、B 表上的。先看 B 表。

如图 13-10 所示，这里“D5= 分省汇总 !C2/100 000 000”，注意这里是绝对引用，按前面提到的组织方式，下面 2 月的公式“D6= 分省汇总 !C3/100 000 000”，而“E5= 分省汇总 !C14/100 000 000”，因为 E5 对应第 13 个月。按照这样的逻辑，还应该有“F5= 分省汇总 !C26/100 000 000”。

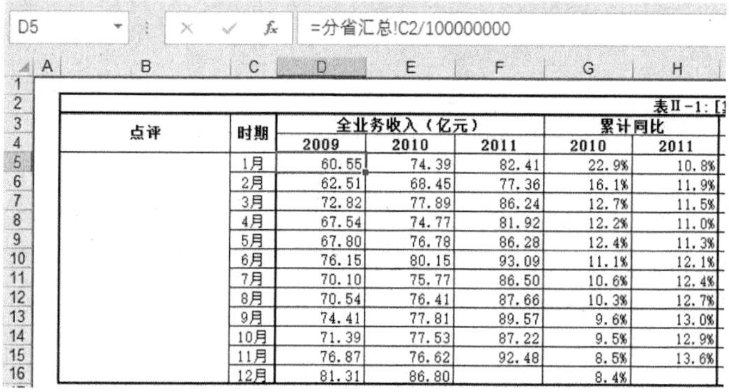
D5　=分省汇总!C2/100000000

表Ⅱ-1: [

点评	时期	全业务收入（亿元）			累计同比	
		2009	2010	2011	2010	2011
	1月	60.55	74.39	82.41	22.9%	10.8%
	2月	62.51	68.45	77.36	16.1%	11.9%
	3月	72.82	77.89	86.24	12.7%	11.5%
	4月	67.54	74.77	81.92	12.2%	11.0%
	5月	67.80	76.78	86.28	12.4%	11.3%
	6月	76.15	80.15	93.09	11.1%	12.1%
	7月	70.10	75.77	86.50	10.6%	12.4%
	8月	70.54	76.41	87.66	10.3%	12.7%
	9月	74.41	77.81	89.57	9.6%	13.0%
	10月	71.39	77.53	87.22	9.5%	12.9%
	11月	76.87	76.62	92.48	8.5%	13.6%
	12月	81.31	86.80		8.4%	

图 13-10　绝对引用

如图 13-11 所示，这里加了一个 IF 预计判断，如果“C26=0”，则清空这个

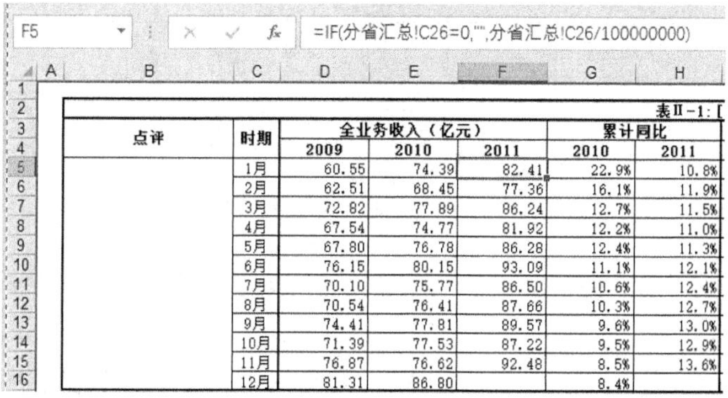
F5　=IF(分省汇总!C26=0,"",分省汇总!C26/100000000)

表Ⅱ-1: [

点评	时期	全业务收入（亿元）			累计同比	
		2009	2010	2011	2010	2011
	1月	60.55	74.39	82.41	22.9%	10.8%
	2月	62.51	68.45	77.36	16.1%	11.9%
	3月	72.82	77.89	86.24	12.7%	11.5%
	4月	67.54	74.77	81.92	12.2%	11.0%
	5月	67.80	76.78	86.28	12.4%	11.3%
	6月	76.15	80.15	93.09	11.1%	12.1%
	7月	70.10	75.77	86.50	10.6%	12.4%
	8月	70.54	76.41	87.66	10.3%	12.7%
	9月	74.41	77.81	89.57	9.6%	13.0%
	10月	71.39	77.53	87.22	9.5%	12.9%
	11月	76.87	76.62	92.48	8.5%	13.6%
	12月	81.31	86.80		8.4%	

图 13-11　清空逻辑

单元格，这就是前文一直提到的“清空”技巧，当分省汇总表对应位置的数据为 0 的时候（数据还没产生或未导入），那么这个单元格不应该展示公式的结果。

图 13–12 是上年累计同比的计算公式，由于前年和上年的数据是已知的，因此可以分别计算出各月的累计同比。

G5　=SUM(分省汇总!$C$14:分省汇总!C14)/SUM(分省汇总!$C$2:分省汇总!C2)-1

表Ⅱ-1：[集团]政企全业务、固网

点评	时期	全业务收入（亿元）			累计同比		固网收入（亿元	
		2009	2010	2011	2010	2011	2009	2010
	1月	60.55	74.39	82.41	22.9%	10.8%	57.00	64.12
	2月	62.51	68.45	77.36	16.1%	11.9%	56.99	58.32
	3月	72.82	77.89	86.24	12.7%	11.5%	65.69	66.56
	4月	67.54	74.77	81.92	12.2%	11.0%	59.86	63.24
	5月	67.80	76.78	86.28	12.4%	11.3%	59.64	64.60
	6月	76.15	80.15	93.09	11.1%	12.1%	66.83	67.74
	7月	70.10	75.77	86.50	10.6%	12.4%	60.87	62.94
	8月	70.54	76.41	87.66	10.3%	12.7%	60.87	63.70
	9月	74.41	77.81	89.57	9.6%	13.0%	64.05	65.15
	10月	71.39	77.53	87.22	9.5%	12.9%	61.26	64.60
	11月	76.87	76.62	92.48	8.5%	13.6%	65.81	64.17
	12月	81.31	86.80		8.4%		70.74	70.12

图 13–12　绝对引用与累计同比

而当年的累计同比就要用清空技巧，综合考虑当前月份是否有数据。在本例中，能看出前面 11 个月的数据都是完备的（图 13–13）。而且，在 B 表中所有的数据都是用的绝对引用。

H5　=IF(分省汇总!C26=0,"",SUM(分省汇总!$C$26:分省汇总!C26)/SUM(分省汇总!$C$14:分省汇总!C14)-1)

表Ⅱ-1：[集团]政企全业务、固网、移动收入趋势

点评	时期	全业务收入（亿元）			累计同比		固网收入（亿元）			累计
		2009	2010	2011	2010	2011	2009	2010	2011	2010
	1月	60.55	74.39	82.41	22.9%	10.8%	57.00	64.12	67.74	12.5%
	2月	62.51	68.45	77.36	16.1%	11.9%	56.99	58.32	63.37	7.4%
	3月	72.82	77.89	86.24	12.7%	11.5%	65.69	66.56	70.15	5.2%
	4月	67.54	74.77	81.92	12.2%	11.0%	59.86	63.24	65.79	5.3%
	5月	67.80	76.78	86.28	12.4%	11.3%	59.64	64.60	69.08	5.9%
	6月	76.15	80.15	93.09	11.1%	12.1%	66.83	67.74	75.11	5.1%
	7月	70.10	75.77	86.50	10.6%	12.4%	60.87	62.94	66.40	4.8%
	8月	70.54	76.41	87.66	10.3%	12.7%	60.87	63.70	69.29	4.8%
	9月	74.41	77.81	89.57	9.6%	13.0%	64.05	65.15	70.45	4.4%
	10月	71.39	77.53	87.22	9.5%	12.9%	61.26	64.60	66.29	4.5%
	11月	76.87	76.62	92.48	8.5%	13.6%	65.81	64.17	71.59	3.9%
	12月	81.31	86.80		8.4%		70.74	70.12		3.4%

图 13–13　清空与累计同比

如图 13–14 所示，我们看 E17 的公式，这里主业本来可以直接等于“政企”加“公众”，即“E17=E20+E23”，但是这样不符合绝对引用的要求，虽然“E20= 分省汇总 !C39”且“E23= 分省汇总 !C162”，我们仍然把 E17 写成现在的样子。

E17 | × ✓ fx =分省汇总!C39+分省汇总!C162

	A	B	C	D	E	F	G	H	I	J
1										
2			表I-1：[集团]政企KPI完成情况							
3		点评	单位：亿元-万户		T0	T1	完成值	时序进度	差距	
4			全业务收入增长		9.1%	12.5%	13.6%	89.5%	-2.1%	
5					1030.20	1061.72	950.74	92.3%	0.6%	
6			固网语音收入保有		90.0%		90.9%		0.9%	
7			移动用户净增		971.14		926.35	95.4%	3.7%	
8			其中3G用户净增		720.00		685.51	95.2%	3.5%	
9			固网宽带用户净增		275.18		311.27	113.1%	21.4%	
10			天翼领航套餐数增长		250.00		239.05	95.6%	4.0%	
11			行业应用拉动移动用户		500.00		0.00	0.0%	-91.7%	
12			ICT拉动主业固网收入		1.0%		0.00		#VALUE!	
13			重点产品拉动移动用户		730.03		0.00	0.0%	-91.7%	
14										
15			表I-2：[集团]政企、公客全业务收入完成情况							
16		点评	单位：亿元		2010累计	2011累计	同比	增量	集团拉动	业务拉动
17			主业		1898.55	2083.21	9.7%	184.66		
18			固网		1480.93	1492.23	0.8%	11.30	0.6%	0.8%
19			移动		417.62	590.98	41.5%	173.36	9.1%	41.5%
20			政企		836.57	950.74	13.6%	114.18	6.0%	
21			固网		705.12	755.25	7.1%	50.13	2.6%	3.4%
22			移动		131.45	195.49	48.7%	64.05	3.4%	15.3%
23			公众		1061.98	1132.47	6.6%	70.48	3.7%	
24			固网		775.81	736.98	-5.0%	-38.83	-2.0%	-2.6%
25			移动		286.17	395.49	38.2%	109.32	5.8%	26.2%

图 13-14　绝对引用的意义

不仅如此，我们再看看 G17 的公式（图 13-15）。虽然非常复杂，但为了避免 31 次的重复劳动和减少笔误的可能，这种一次性的麻烦还是要经历的。

G17 | × ✓ fx =(分省汇总!C40+分省汇总!C163)/(分省汇总!C39+分省汇总!C162)-1

	A	B	C	D	E	F	G	H	I	J
1										
2			表I-1：[集团]政企KPI完成情况							
3		点评	单位：亿元-万户		T0	T1	完成值	时序进度	差距	
4			全业务收入增长		9.1%	12.5%	13.6%	89.5%	-2.1%	
5					1030.20	1061.72	950.74	92.3%	0.6%	
6			固网语音收入保有		90.0%		90.9%		0.9%	
7			移动用户净增		971.14		926.35	95.4%	3.7%	
8			其中3G用户净增		720.00		685.51	95.2%	3.5%	
9			固网宽带用户净增		275.18		311.27	113.1%	21.4%	
10			天翼领航套餐数增长		250.00		239.05	95.6%	4.0%	
11			行业应用拉动移动用户		500.00		0.00	0.0%	-91.7%	
12			ICT拉动主业固网收入		1.0%		0.00		#VALUE!	
13			重点产品拉动移动用户		730.03		0.00	0.0%	-91.7%	
14										
15			表I-2：[集团]政企、公客全业务收入完成情况							
16		点评	单位：亿元		2010累计	2011累计	同比	增量	集团拉动	业务拉动
17			主业		1898.55	2083.21	9.7%	184.66		
18			固网		1480.93	1492.23	0.8%	11.30	0.6%	0.8%
19			移动		417.62	590.98	41.5%	173.36	9.1%	41.5%
20			政企		836.57	950.74	13.6%	114.18	6.0%	
21			固网		705.12	755.25	7.1%	50.13	2.6%	3.4%
22			移动		131.45	195.49	48.7%	64.05	3.4%	15.3%
23			公众		1061.98	1132.47	6.6%	70.48	3.7%	
24			固网		775.81	736.98	-5.0%	-38.83	-2.0%	-2.6%
25			移动		286.17	395.49	38.2%	109.32	5.8%	26.2%

图 13-15　绝对引用计算同比

综上，我们介绍了一种主题分析模板。除了上面提到的自动化程度高、公式自动更新、每月只要贴数据更新参数就可以完成基本分析外，还有如下两个巨大的优势。

第一，很容易扩展。一千个人心中有一千个哈姆雷特，在这个模板横空出世之前，笔者发现每个做经营分析的主管，不管男女老少、高矮胖瘦、学历高低，都会做出自己的一套模板出来，而且神奇的是绝不雷同！这些模板都有一个共同的缺点，那就是扩展很麻烦。如果领导突然要求在原有 100 个属性上增加 10 个属性，修改模板结构往往带来灾难性的工作量。但是基于本章介绍的模板，只需要在月份表中直接增加行，在经营分析系统中增加数据提取模板的指标即可。同时，在分省过程和分省汇总中按照我们的规范，增加 10×41 行即可，何况里面的公式都是可以复制的。然后，在 A 表、B 表中，增加相关的表单，再做好绝对引用公式即可。

第二，很容易传播。上面提到千人千面的数据模板，师傅带徒弟的时候会把自己的模板交给徒弟参考。而由于师傅的模板里添加了过多的个人设计色彩，于是徒弟经常百思不得其解，倾向于直接放弃并重做一个自己能理解的版本。本章的模板是有一个完整的框架和设计逻辑的，经过多年的实践检验和 5 年 3 代人员的迭代，证明了其易学、易理解、上手快的独特优势。

第十四章

专题分析：价值所在

第一节　专题分析的概念

专题分析是根据某个具体的研究目标，集中短时间的资源聚焦研究目标及其影响因素的过程。主题分析是基础，而专题分析是亮点，是整个经营分析工作最出彩的地方。

专题分析应该包括如下几个方面：

■ 深入、系统的分析：专题分析必须区别于主题分析，凡是汇总的统计数据，专题分析无须重复展示，而应该是基于客户级、用户级的账单甚至详单数据作为分析对象，深入揭示规律性的结果，哪怕有悖于业务上的一贯经验。

■ 明确的主题：专题分析一定要有主题，而且主题必须是明确定义的，不可含混模糊。

■ 决绝的范围：对于任何一个专题分析，不能无限展开，只有与主题相关的有直接影响的因素才进行分析，那些间接影响而且重要的因素，可以再开辟一个专题进行分析。

■ 多样的角度：主题分析的角度和指标是固定体系，视角比较单一。相应地，专题分析必须从多个角度综合考虑研究目标指向的问题，不仅立足现状还考虑过去和未来，不仅考虑收入还考虑用户数、用户质量、业务量、人均量等。

■ 适当地交叉：仅仅靠多个指标还不够，如果能从多角度进行综合交叉比对，就可得出相关性的定量结果和某种联系的定性结论，对于最终找到答案很有帮助。

同时，专题分析不应该包括如下几个方面：

■ 穷尽搜索：虽然专题分析应该尽可能地深入，但也并不意味着要穷追猛打。不能为了获得食盐而把大海彻底煮沸，事实上我们也做不到。暴力穷尽搜索那是计算机才干的事情，做分析尤其要讲究抓大放小。

■ 片面追求交叉：将多个维度交叉可以有效地提升分析的深度，但不能机械、教条地套用，必须选取本身存在逻辑关系的一些变量进行组合。

■ 边界混乱：有时候，业务主管本身存在一些概念混淆，对专题研究的界限并不清楚。把主题分析的部分挪到专题分析里来讲，或者把与专题核心研究目标无关的内容也堆砌进来，都是常见的边界混乱的错误。

■ 毕其功于一役：在通常情况下，一颗子弹只需要解决一个敌人。想把所有的经营问题都通过一个专题来解决并不现实。在讨论需求的时候，笔者经常提醒业务主管，关于 B 业务那是另一个专题，不如我们先做 A 业务的分析。

既然专题分析是价值所在，提升专题分析的水平还需要注意以下三个关键因素。

■ 客观对待问题：不以偏概全是非常难得的品质，对分析人员而言这是职业门槛。

　◇ 至少选取 2 个以上的样本省（或地市分公司）；

　◇ 选取代表样本的时候注意代表性（东 / 中 / 西？市本级 / 农村？）；

　◇ 多看趋势（不只拿时点说事）；

　◇ 按可比水平计算（例如选取活跃的或出账的用户来分析，把完全为 0 的用户或超过正常值的用户剔除）。

　◇ 关键点：不随便举孤证，而应用统计量说话。

■ 正确评估现状：相对好还是不好，而不是绝对好或不好。

　◇ 与其他客户群比较，如公众客户对比政企客户；

　◇ 各省之间互相比较；

◇ 看趋势发展，是在好转还是变坏；

◇ 新套餐与旧版套餐之间的对比；

◇ 不仅看业务量，也看价值；

◇ 不仅看价值当前的分布，也看价值分布的变化。

◇ 关键点：其实就是比较分析法里面的"先进空间""相似空间""扩大空间"三个空间标准。

■ 深入洞察原因：相关分析是一种非常适合经营分析寻找影响因素和水平的工具模型。

◇ 正相关：如果自变量和因变量变化的方向一致，$r>0$；

◇ 负相关：如果自变量和因变量变化的方向相反，$r<0$；

◇ 无线性相关：$r=0$；注意，在这种情况下是完全无关的，也比较罕见；

◇ 显著性相关：$|r|>0.95$；

◇ 高度相关：$|r| \geqslant 0.8$；

◇ 中度相关：$0.5 \leqslant |r|<0.8$；

◇ 低度相关：$0.3 \leqslant |r|<0.5$；

◇ 关系极弱，可认为不相关：$|r|<0.3$。

第二节　专题分析思路

主题分析体现了分析人员的耐心和细致，最怕的事无非是数据出错了。比如省公司的顺序排错了，计算拉动时分母口径不对等。而专题分析体现了分析人员的深度和积累，核心就是提出分析框架和思路。

如果问一个分析初学者，怎么分析离网用户的特征？估计遇到的将是一张无邪的脸。但是这个问题对分析师而言就毫无难度：最简单的，用统计分析，看统计量的差异。比如看离网用户的 ARPU 是不是比存续用户更低，DOU 和 MOU 是不是更低，终端的 3 G/2 G 占比是否比存续用户更高等。

当然，这是比较肤浅的分析层次，用的是比较分析法。更高级一点的是结

合比较分析法和结构分析法。例如下面图 14-1，将存续和变更（离网）用户
在标准使用量上的分布进行综合比较，可以非常明显地看出超出型用户存在明
显的离网倾向。这代表如果一个 59 元套餐的用户总是每个月要交 200 元，他
必然是非常不满的。

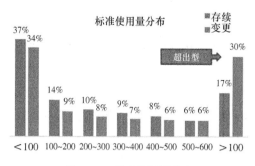

图 14-1　标准使用量分布

其实，还有更加炫酷的方法也可以分析离网用户的特征，比如通过建立决
策树模型得出离网用户的 IF-THEN 规则集。这些规则集理论上可以包含前面
两种思路里的所有有效结论，因为数据挖掘能挖掘出深层次的规律性知识，是
目前最先进、最有效的数据分析手段。

在 2008 年的时候，有一位领导提出政企客户和家庭客户存在争夺客户的
情况，尤其是临街商铺，既可以算作住宅也可以算作商铺，所以普遍产生了渠
道冲突。这个假设是否成立？如何验证？

这类分析涉及两种实体的关系，最简单的方法是取全集团公司的政企客户
收入或收入增长率与家庭客户对比，通过两条时序线的对比，直观地衡量其关
系。这是定性分析。

如果需要进一步考虑定量的方法，那就计算一下这两条曲线的相关系数，
如果是负相关且绝对值较大，则可以验证该领导的说法是正确的，否则证伪。

当然，集团公司总体的数据是存在各种因素影响的，主要由少数几个体量
较大的省决定，例如广东、江苏、山东、浙江等，不能全面地反映各省的实际
情况。而且，时序数据如果以年为单位则序列前部的数据可信性严重不足，以
月为单位则季节性特点影响结果。于是，更好的方法是将 31 个省的上年政企
客户收入增长率对比家庭客户收入增长率，按其中一个序列降序排列，再计算

两个序列的相关系数，这既能充分体现不同地区的差异，又可以量化两者的关系。补充一点，最终的结论是政企客户与家庭客户根本是正相关关系（结论证伪），而家庭客户与公众客户反而是负相关关系，因为融合套餐与单产品套餐会争夺移动用户的收入。作为专业的分析师，只要用数据说话，即使反驳领导，领导也是服气的。

在 2012 年的时候，另一位领导提出了一个课题，就是融合套餐和单产品套餐的最合理比例是多少，也就是说，这个比例在多大的情况下集团公司可以获得最大的利润？

这个问题是个典型的数学建模问题，用常规的统计分析方法和标准的数据挖掘方法都得不出想要的结论。建立定制模型的第一个步骤就是概念的抽象化，也就是把收入、利润和成本分别函数化，并且细化到各项可能的影响因素，如融合套餐的优惠力度较大，但用户 ARPU 偏低等。

最终，我们发现这个最佳的融合比例其实与用户数有关，用户数越大，则最佳比例越小。总收益函数是 $f(\alpha,N)=1\ 316\alpha N^2-1\ 124\alpha^2 N^2-658N^2-198\alpha N+556N-64$，其中 α 是融合比例，N 是总移动用户数。接下来就简单了，对 α 求导后等于 0，代入当前的 N=1.057 亿，就能求出最优的 α=50.21%。在这个例子中，不仅要对建模的抽象化有着清晰的思路，对于各种内部成本的概念及其规律也是必备知识，缺一不可，可见技术能力和业务经验不可偏废。

第三节　数据提取与处理

巧妇难为无米之炊，对于分析师来说，如果没有数据，那就可以直接下班了。有时候写作科研论文，第一件事肯定是看综述。初学者们认为看综述最重要的是看观点，看大家是怎么做的，站在巨人的肩膀上总是能看得更远。其实不然，例如，笔者看综述都是先看他们用什么公开数据集。然后，下载这些数据集，看看是不是可以获取，是否能读懂和理解数据结构。如果这些都做不到，不如放弃这个研究方向。

　　对于科研人员，科技论文最重要的原则就是可重现、可复制，用论文中的方法处理公开的数据集，要得出一致或非常类似的结果。但是，对于实际应用而言，尤其在运营商的经营分析工作中，由于内部数据处于不断地发展变化中，肯定与公开数据集不一样。

　　运营商的数据具有几个特点。首先是分立。客户的渠道触点有实体营业厅、合作营业厅和代理点、电子渠道（如 APP 客户端）、短彩信营业厅、微信公众号、官网、第三方电商网站和呼叫中心等，这些渠道都有自己的管理信息系统，如营业受理系统、CRM 系统等，因此数据呈现孤岛效应。同样地，网络运营系统中的计费账务、网络支撑、信令管理等系统也有自己的海量数据，这些分立的数据彼此之间要通过较为复杂的转换逻辑和过程才能进行整合。

　　其次是质量不佳。不客气地说，任何一个国内运营商的任何一个省公司的任何一个月的账单都 100% 存在错误。其实，这并不能怪管理决策者或一线操作人员。因为，系统的分立造成了配合不畅，业务的不断变化也让业务逻辑呈现复杂化特征，缺乏足够的力量去稽核与清洗数据，客观条件和主观重视不足共同造成了数据质量问题。

　　最后是数量巨大。运营商的数据是真正的海量数据，而且每时每刻都在增加，用户发一条微信消息或短信、接打一个电话、发出一条 HTTP 请求，都会产生数据。中国拥有世界上最大的移动通信网，几乎所有的业务规模都是世界第一，除了 13 亿移动用户、8 亿移动上网用户，还有近 3 亿固网宽带用户。对于这些庞大的数据，预处理、分类汇总、建模分析都是非常艰苦但富有成就感的工作。

　　专题分析的数据获取途径主要有以下几个，我们可根据分析目标酌情使用。

　　■ 经营分析系统：一般地，运营商的经营分析系统由信息化支撑部门负责管理和维护，以月为周期汇总提供分析人员事先定义属性的数据。

　　■ 号码级分析：有些时候，专题分析需要用到更多详细的信息，或者建立某种数据挖掘模型，这时需要号码级的数据，例如账单。这些数据主要从业务运营支撑系统（如 BOSS、MBOSS 等）提取。

　　■ 详单分析：详单是比账单更加详细的数据，一般地，经营分析人员不具备海量数据分类汇总的能力和精力，可以委托业务运营支撑中心进行事先定义好的分类汇总或统计，如用户的时段偏好、通话集中度等。这部分数据也是从业务运营支撑系统中提取，但不能影响正常的出账工作，建议避开月初提出需求。很多详单分析由于数据量太大、复杂度太高，都是基于大数据平台来做。

■ 省公司与分公司：有些数据可以从集团公司的经营分析系统或者全国集中的数据平台上获得，但某些特殊的数据则需要借助于省公司甚至地市分公司的力量来提取，尤其是某些试点产品。

■ 产品基地与专业公司：目前运营商的转型已经进入深水区，不搞几个产品基地、不成立几个专业公司、不组织几个产业联盟都不好意思跟人打招呼。由于产品的集中内容和运营平台都在产品基地或专业公司手上，因此这部分数据需要从这些单位内提取。

第四节　数据分析与展示

本节我们结合 PowerPoint 的制作技巧，来学习一下数据分析尤其是专题分析该如何可视化。

首先是配色。相比文字，色彩更容易引起读者的注意，配色的方案有很多种，例如图 14-2 的互补设计、分裂补色设计等。由于绝大多数分析师都不是专业的平面设计师，对色彩学并不精通，因此建议老老实实地使用 Office 2016 里面的标准 Office 配色方案即可。

一份优秀的分析报告具有以下几个特征：

■ 明确的主题：分析的主要结论是什么？汇报想达到什么目的？今天要重点要提及什么内容？

■ 合适的框架：结论被若干论据支持，每个论据被若干步推导得出，每个推导涉及若干基础数据元。

■ 准确的数据：宽表的严密组织，数据的正确预处理（包括清洗）。

■ 严密的论证：论证过程必须清晰、可信，需要对照组的要描述分组和抽样的方法。

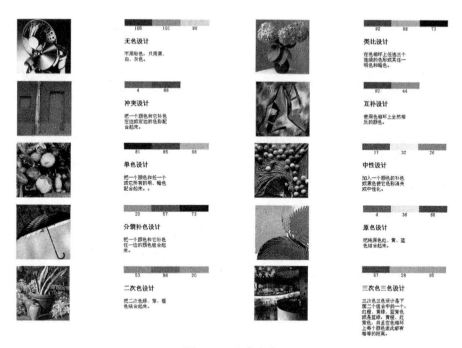

图 14-2　配色方案

■ 正确的结论：可以借助一些成熟的业务分析或管理咨询模型来下结论。

■ 适用的形式：画面构图要形象生动，如果读者无须讲解即可轻松理解则为最佳。

一个典型的 PowerPoint 文档制作流程包括确定标题、设计模块及标题、各模块确定篇幅和页面标题、各页面内容规划、各页面内容填充、整理和美化几个步骤，不要试图一张一张地制作，而一定要先设定整体的结构框架，这样才能彼此呼应，形成完整的表述逻辑。

其次，介绍一下三种典型的数据挖掘模型的一般可视化方法。

聚类模型的可视化：一般采用二维气泡图来展示。纵轴一般是业务价值，而横轴一般是业务量或衡量质量的指标（例如融合套餐占比）。每个气泡代表一个簇，而气泡的大小就代表簇成员的个数，所以实际上是三个维度在展示。注意，这里的两个维度一般是我们做聚类模型的核心区分属性，在调整聚类模型参数的时候，模型的好坏不再由技术指标决定，而是在这两个需要展示的关键维度的交叉图上，几个簇能不能比较合适地分开，并且具有明显的可解释特征。如果有簇重合，则需要调整模型直到所有的簇（在这两个关键展示维度上）分开为止。

分类模型的可视化：与分类器的种类相关，典型的是展示类似决策树的树型规则集，让使用者可以清晰地看到分类机制。但是，如果属性太多，树层次太多，则会导致界面不够友好。因此，可以有重点地把强规则部分展示出来，而忽略整体中那些纯度不够和不好解释的分支。也就是说，在可视化过程中，能更好地与业务实践、主观经验、客观事实相呼应，则更容易引起读者的共鸣，获得更广泛的认可和理解。

关联规则模型的可视化：一般只是简单地展示挖掘结果，例如先按照支持度、再按照置信度综合排序，选取比较显著的高阶频繁项集，再展示具体的前项或后项支持度，最终给出结论。当然，在高阶频繁项集较多的情况下，可以选取其中较为显著的几条进行重点描述。

第十五章

专题分析案例：
事实说话

　　本章是全书内容最多的一章。案例是讲不完的，即便只是百花丛中撷英，也只能管中窥豹。案例带给大家的并不是具体的"形"，让大家努力模仿，而是要学到"神"，掌握方法论和经验，尤其是思路框架这些上层建筑，最终实现"形神兼备"。

第一节　价值背离模型：用户流失之源

　　价值背离模型其实是来自于一个偶然的发现。在研究套餐的经济性模型，也就是套餐是否赚钱的过程中，笔者发现套餐这种资费方案从用户角度而言存在三种"陷阱"（图 15-1）。第一种是用户未超出。例如一款套餐 49 元，包括 500 MB 流量和 100 分钟语音，如果客户只使用了 100 MB 流量和 10 分钟语音，那么实际上用户多付出了一些费用，哪怕仅仅使用套餐外的超出资费也不该付出 49 元。第二种是使用结构不合理。上文提到的套餐，如果用户使用 1 GB 流量和 0 分钟语音，仍然要收取超出的 500 MB（为简单起见，不考虑 1 GB=1 024 MB，简化为 1000 MB）流量的超量费用，而不会因为没有使用语音而减免。运营商的分档包月套餐是限定结构和数量的，因此当客户的使用结

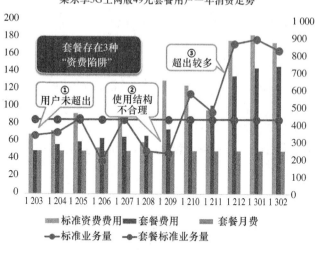

图 15-1　资费陷阱

构与套餐不一致，就不得不多付钱。第三种是超出较多，当用户本来适用的套餐档位选得过低，就会产生这种情况。

这三种"资费陷阱"在为企业创造效益的同时也容易引起客户的满意度下降。而现有的分析模型仅关注套餐总体的统计信息而忽略用户个体，难以准确把握用户行为决策动机。因此，我们设计了价值背离模型，可以揭示用户拆除套餐的深层次原因，有效推进精细化营销。

价值背离模型基于如下一系列定义构建：

- 使用量 U_i：定义为第 i 项业务的实际使用量，包括套餐内和超出量。

- 业务单价 P_i：定义为第 i 项业务的套餐外资费。

- 标准单价 SP：定义为 0.2 元／标准业务单元，取自语音单价。

- 个人消费 Fee：定义为当月缴费，包括套餐月使用费及超量费。

- 标准使用量 SU：SU= $\dfrac{\sum(U_i \times P_i)}{SP}$ ，即各业务按照自身单价与标准单价的比例，折算成标准的使用量。

- 个人单价 PP：PP= $\dfrac{Fee}{SU}$ ，个人单价是个人费用除以个人使用的标准业务量。

■ 平均单价 AP：$AP=\dfrac{\sum Fee}{\sum SU}$，平均单价是一个群体的总费用除以使用的总标准业务量。

■ 价值背离指数 VDI：$VDI=\ln\left(\dfrac{PP}{AP}\right)$，即个人单价与平均单价比值的自然对数，取自然对数是为了让取值范围可控。

举例说明计算过程。某用户的套餐是 49 元，包含的业务量和实际使用量如表 15−1 所示。

表 15−1　资费陷阱

业务	套餐包含	实际使用量	业务单价
语音	100 分钟	150 分钟	0.2 元 / 分钟
流量	200 MB	300 MB	0.3 元 /MB
短信	30 条	40 条	0.1 元 / 条
彩信	6 条	10 条	0.3 元 / 条
合计	49 元	91.2 元	0.2 元 / 标准业务单元

按照表 15−1 所示，语音为 150 标准业务单元，流量为 450 标准业务单元，短信和彩信分别是 20 和 15 标准业务单元，合计 635 标准业务单元。个人单价为 0.14 元 / 标准业务单元，平均单价为 0.10 元 / 标准业务单元，因此该用户的价值背离指数为 $\ln\left(\dfrac{0.14}{0.10}\right)=0.34$。

这样，我们可以计算出每个用户各自的价值背离指数，这个指数到底有什么用处呢？

第一个应用方向是对所有在售套餐进行标准化的评估。价值背离模型应用了标准业务量的概念，因此可以跨挡位、跨套餐系列甚至跨运营商之间综合比较，这是一个巨大的飞跃，此前这种比较是完全不可行的，仅仅因为无法换算。

综合评估多个套餐可用的指标主要包括三个："平均价值背离指数"体现套餐经营风险，套餐的平均价值背离指数越高，经营风险越大；"平均单价"体现套餐盈利能力，单价越高则盈利能力越强；"平均标准使用量"体现套餐活跃程度，活跃度越高则用户黏性越大。

第二个应用方向是拆套餐用户特征分析。同样是借助以上三个指标，可以找出三个主要的拆套餐用户类型。休眠型用户的特点是用户通信需求低，具体表现为套餐费不超出，标准使用量很低。超出型用户的特点是超出使用，具体表现为业务超出较多，套餐费明显超出月使用费。敏感型用户的特点是使用合适但十分敏感，具体表现为使用量匹配套餐，实际费用接近套餐费。

第二节　移动业务融合比例分析

中国电信和中国联通有着丰富的固网宽带资源，因此推出了以宽带和手机为主要产品的固移融合套餐，如中国电信的"天翼 e 家"和中国联通的"沃·家庭"。随着中国移动正式进入固网宽带市场，也面临着"和·家庭"融合的转型。本节讨论一下移动业务的最佳融合比例问题。

首先我们看融合和单产品有什么区别。一个手机用户，如果使用单产品套餐，那么给运营商带来的户均收入更高，当然补贴也更多，获取和维系的成本更高。如果手机用户选择加入融合套餐，则补贴减少，获取和维系成本更低，缺点是户均收入更低。融合套餐里的手机用户大多是低端用户，如老人、青少年、保姆等，消费能力不足。但是，由于基本没有月租费，离网率也比单产品低，所以有以上的结论。

既然我们要求最佳的融合比例，那就得有收益模型：总收益 = 总收入 − 用户补贴 − 运营成本 − 销售成本。这里的总收入、用户补贴、运营成本、销售成本都是单独的函数，与用户数、融合比例都有关系。

移动业务收入：单产品的 ARPU 值高于融合产品中的移动业务部分，即单产品 > 融合。

移动用户补贴：由于合约，单产品用户享受到的补贴高于融合产品，即融合 > 单产品。

移动运营成本：单产品和融合均为一个移动用户实例，并无差异，即融合 = 单产品。

移动销售成本：单产品依赖于代理渠道，因此移动销售成本更高，即融合 > 单产品。

先看移动业务收入模型。如图 15-2 所示，假设单产品和融合用户的内部 ARPU 统一于平均值，这在业务上代表着单产品的单位收益高于融合和在当前用户规模上存在单位收益递减性，且融合产品更严重。

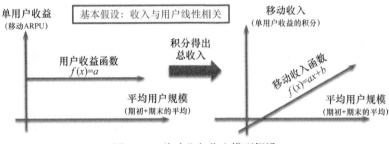

图 15-2　移动业务收入模型假设

从系统中取出对应的实际数据，代入方程，求出单产品和融合两个移动收入函数，如表 15-2 所示。

表 15-2　移动业务收入模型

新增用户类型	单产品用户		融合用户		单位	说明
年份	2011	2012	2011	2012		
移动收入					亿元	经分系统
平均用户数					亿户	经分系统
$f'(x)=$	a_1		a_2			用户收益函数
$f(x)=$	$a_1 x+b_1$		$a_2 x+b_2$			移动收入函数
移动收入函数	$1\,114\,(1-\alpha)\,N-180$		$738\,\alpha\,N-193$		亿元	模型参数

两个子函数相加，可以得到移动业务收入函数 $f(x) = -376\,\alpha\,N+1\,114N-373$。

接下来看移动发展补贴模型。如图 15-3 所示，假设用户发展需要补贴，而且单位时间内入网越晚的用户需要的补贴越多，$a_1>a_2$，这在业务上代表着单产品的单位补贴成本高于融合，$b_2<b_1<0$，和在当前用户规模上存在规模经济型，且融合产品更突出。

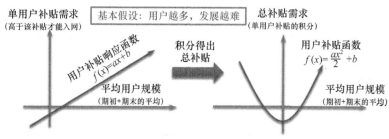

图 15-3　移动发展补贴模型假设

从系统中取出对应的实际数据，代入方程，求出单产品和融合两个用户发展补贴函数，如表 15-3 所示。

表 15-3　移动发展补贴模型

新增用户类型	单产品用户		融合用户		单位	说明
年份	2011	2012	2011	2012		
移动补贴					亿元	经分系统
平均用户数					亿户	经分系统
$f'(x) =$	a_1x+b_1		a_2x+b_2			用户补贴函数
$f(x) =$	$\dfrac{a_1x^2}{2}+b_1x$		$\dfrac{a_2x^2}{2}+b_2x$			移动补贴函数
移动补贴函数	$658(1-\alpha)^2N^2-71(1-\alpha)N$		$466\alpha^2N^2-91\alpha N$		亿元	模型参数

两个子函数相加，可以得到用户发展补贴函数 $f(x) = -1\,124\alpha^2N^2-1\,316\alpha N^2+658N^2-20\alpha N-71N$。

接下来研究移动运营成本模型。如图 15-4 所示，假设用户运营成本与

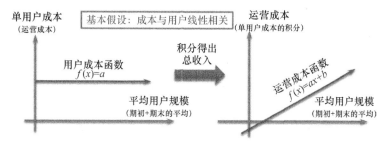

图 15-4　移动运营成本模型假设

用户数线性相关 $a_1 < a_2$，这在业务上代表着单产品的单位运营成本低于融合；$b_2 < b_1 < 0$，和在当前用户规模上存在规模经济型，且融合产品更突出。

从系统中取出对应的实际数据，代入方程，求出单产品和融合两个运营成本函数，如表 15-4 所示。

表 15-4　移动运营成本模型

新增用户类型	单产品用户		融合用户		单位	说明
年份	2011	2012	2011	2012		
运营成本					亿元	经分系统
平均用户数					亿户	经分系统
$f'(x) =$	a_1		a_2			用户成本函数
$f(x) =$	$a_1 x + b_1$		$a_2 x + b_2$			运营成本函数
移动成本函数	$186\alpha N - 49$		$225(1-\alpha)N - 63$		亿元	模型参数

两个子函数相加，可以得到运营成本函数 $f(x) = -39\alpha N + 186N - 112$。

最后是移动销售成本模型。如图 15-5 所示，假设销售成本与用户数线性相关，$a_1 > a_2$，这在业务上代表着单产品的单位销售成本高于融合，$b_2 < b_1 < 0$，和在当前用户规模上存在规模经济型，且单产品更突出。

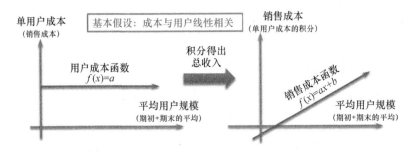

图 15-5　移动销售成本模型假设

从系统中取出对应的实际数据，代入方程，求出单产品和融合两个销售成本函数，如表 15-5 所示。

表 15-5　移动销售成本模型

新增用户类型	单产品用户		融合用户		单位	说明
年份	2011	2012	2011	2012		
销售成本					亿元	经分系统
平均用户数					亿户	经分系统
$f'(x)=$	a_1		a_2			用户成本函数
$f(x)=$	$a_1 x+b_1$		$a_2 x+b_2$			销售成本函数
销售成本函数	$443\alpha N-126$		$246(1-\alpha)N-71$		亿元	模型参数

两个子函数相加，可以得到运营成本函数 $f(x)=-197\alpha N+443N-197$。

将上述子函数按总框架组合，可以得到表 15-6。

表 15-6　总收益模型

	单产品	融合	总体
收入模型	$f(x)=1\,114(1-\alpha)N-180$	$f(x)=738\alpha N-193$	$f(x)=-376\alpha N+1\,114N-373$
补贴模型	$f(x)=658(1-\alpha)^2 N^2-71(1-\alpha)N$	$f(x)=466\alpha^2 N^2-91\alpha N$	$f(x)=1\,124\alpha^2 N^2-1\,316\alpha N^2+658 N^2-20\alpha N-71N$
运营成本模型	$f(x)=186(1-\alpha)N-49$	$f(x)=225\alpha N-63$	$f(x)=39\alpha N+186N-112$
销售费用模型	$f(x)=443(1-\alpha)N-126$	$f(x)=246\alpha N-71$	$f(x)=-197\alpha N+443N-197$
总收益模型	$f(x)=-658\alpha^2 N^2+1\,316\alpha N^2-658 N^2-556\alpha N+556N-5$	$f(x)=-466\alpha^2 N^2+358\alpha^N-59$	$f(x)=-1\,124\alpha^2 N^2+1\,316\alpha N^2-658 N^2-198\alpha N+556N-64$

当 $N=1$ 亿用户的时候，可以得到表 15-7。

表 15-7　总收益模型（N=1 亿）

	单产品	融合	总体
收入模型	$f(x)=1\,114(1-\alpha)-180$	$f(x)=738\alpha-193$	$f(x)=-376\alpha+741$
补贴模型	$f(x)=658(1-\alpha)^2-71(1-\alpha)$	$f(x)=466\alpha^2-91\alpha$	$f(x)=1124\alpha^2-1336\alpha+587$
运营成本模型	$f(x)=186(1-\alpha)-49$	$f(x)=225\alpha-63$	$f(x)=39\alpha+74$
销售费用模型	$f(x)=443(1-\alpha)-126$	$f(x)=246\alpha-71$	$f(x)=-197\alpha+246$
总收益模型	$f(x)=-658\alpha^2+760\alpha-107$	$f(x)=-466\alpha^2+358\alpha-59$	$f(x)=-1\,124\alpha^2+1\,118\alpha-166$

当 α =0.5 时，也可以得到表 15-8。

表 15-8　总收益模型（α=0.5）

	单产品	融合	总体
收入模型	$f(x)=557N-180$	$f(x)=369N-193$	$f(x)=926N-373$
补贴模型	$f(x)=164.5N^2-35.5N$	$f(x)=116.5N^2-45.5N$	$f(x)=281N^2-80N$
运营成本模型	$f(x)=93N-49$	$f(x)=112.5N-63$	$f(x)=205.5N-112$
销售费用模型	$f(x)=221.5N-126$	$f(x)=123N-71$	$f(x)=344.5N-197$
总收益模型	$f(x)=-164.5N^2+278N-5$	$f(x)=-116.5N^2+179N-59$	$f(x)=-281N^2+457N-64$

根据规划模型，2013 年用户数预计新增 1.057 亿户，于是得到表 15-8。

表 15-9　总收益模型（N=1.057 亿）

总收益	$1\,316aN^2-1\,124a^2N^2-658N^2-198aN+556N-64$	总收益 = 收益 - 补贴 - 运营成本 - 销售费用
极值对 α 求导	58.54%-0.088/N	N 是总用户数，单位：亿户
代入	α=50.21%	N=1.057，2013 年预计情况

在 2013 年新增 1.057 亿用户的情况下，获得最大收益的融合比例是

50.21%。如图 15-6 所示，总收益函数确实存在一个最大值。

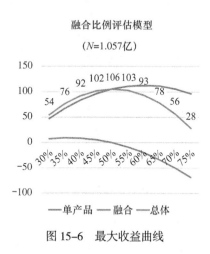

图 15-6 最大收益曲线

第三节   行业发展预测模型

本专题完成于 2013 年 10 月。委托方要求预测 2013 年 10～12 月以及 2014 年全行业的全业务收入及其增长率。

基本思路如下：

■ 这是一个定量预测模型。

■ 符合时序模型的适用条件。

■ 可选的方法有移动平均、指数平滑、线性回归等时间序列预测法。

结论：采用移动平均 + 指数平滑方法，根据历史预测值的误差情况来设定权重，使精度最高。

移动平均步骤一：提取历史数据（图 15-7）。本例中移动平均法不能平均绝对数（行业肯定是增长的），要移动平均的是增长率，切记不可教条地使用预测模型。

	行业收入						行业收入增幅					模型
	2009	2010	2011	2012	2013	2014E	2010	2011	2012	2013	2014E	参数
全 国	629.39	669.67	727.10	816.30	871.56	946.47	6.40%	8.58%	12.27%	6.77%	8.60%	0.50
东 部	404.00	426.09	456.75	504.66	530.38	567.34	5.47%	7.20%	10.49%	5.10%	6.97%	0.50
北 京	31.98	34.95	36.24	38.68	42.85	46.28	9.28%	3.70%	6.74%	10.79%	8.00%	0.50
天 津	9.66	10.51	11.35	12.42	13.54	14.73	8.83%	7.97%	9.42%	8.99%	8.84%	0.50
河 北	29.11	29.81	32.47	38.63	37.86	40.12	2.39%	8.92%	18.98%	-2.00%	5.98%	0.50
辽 宁	27.92	28.15	29.85	32.75	34.31	36.48	0.82%	6.05%	9.72%	4.76%	6.32%	0.50
上 海	33.16	35.95	37.76	39.79	43.15	46.10	8.42%	5.05%	5.37%	8.44%	6.83%	0.50
江 苏	51.01	55.20	60.51	68.56	69.92	74.62	8.22%	9.60%	13.31%	1.98%	6.72%	0.50
浙 江	47.89	50.53	- 55.61	60.86	66.08	72.14	5.51%	10.05%	9.45%	8.58%	9.16%	0.50
福 建	26.87	27.81	30.53	34.92	37.88	41.78	3.47%	9.81%	14.35%	8.49%	10.29%	0.50
山 东	40.78	42.33	45.43	51.39	51.57	54.29	3.80%	7.32%	13.11%	0.35%	5.28%	0.50
广 东	100.55	105.28	110.74	119.68	125.62	132.90	4.70%	5.20%	8.06%	4.97%	5.80%	0.50
海 南	5.06	5.58	6.26	6.99	7.60	8.39	10.27%	12.20%	11.73%	8.72%	10.34%	0.50
中 部	154.43	164.63	181.81	209.52	222.20	243.19	6.61%	10.43%	15.24%	6.05%	9.45%	0.50
山 西	15.21	16.46	18.16	19.77	21.31	23.17	8.21%	10.34%	8.82%	7.82%	8.70%	0.50
吉 林	11.50	11.85	13.29	14.01	15.42	16.87	3.03%	12.13%	5.44%	10.03%	9.41%	0.50
黑龙江	15.77	16.80	18.21	21.14	20.93	22.10	6.54%	8.35%	16.09%	-1.00%	5.61%	0.50
安 徽	20.36	21.27	24.23	29.23	30.78	34.26	4.49%	13.91%	20.61%	5.32%	11.29%	0.50

图 15-7 提取历史数据

移动平均步骤二：补齐本年预测值。如图 15-8 所示，此处 2013 是当前累计增幅，2013E 是当月的预测收入和增幅，引入累计增幅可以有效地对模型进行及时的修正。

	行业收入						行业收入增幅					模型
	2009	2010	2011	2012	2013E	2014E	2010	2011	2012	2013E	2013	2014E	参数
全 国	732.24	772.81	845.17	926.91	1006.27	1098.53	5.54%	9.36%	9.67%	8.56%	8.82%	9.17%	0.50
东 部	423.29	444.26	475.33	516.73	554.67	594.99	4.95%	6.99%	8.71%	7.34%	6.69%	7.27%	0.50
北 京	32.96	35.53	39.83	42.20	45.56	49.75	7.79%	12.10%	5.97%	7.95%	9.34%	9.19%	0.50
天 津	10.77	11.40	12.58	13.13	13.96	14.81	5.87%	10.38%	4.39%	6.25%	4.81%	6.09%	0.50
河 北	31.43	31.39	34.33	38.46	41.66	45.10	-0.13%	9.36%	12.03%	8.32%	5.85%	8.27%	0.50
辽 宁	29.21	29.88	33.16	35.00	37.13	39.37	2.29%	11.01%	5.52%	6.09%	3.83%	6.05%	0.50
上 海	35.87	42.89	39.26	42.74	45.82	47.52	19.57%	-8.47%	8.87%	7.21%	7.22%	3.71%	0.50
江 苏	55.55	56.94	62.86	67.62	72.36	77.58	2.51%	10.41%	7.57%	7.01%	5.44%	7.21%	0.50
浙 江	49.54	50.63	53.70	58.22	61.88	66.27	2.21%	6.07%	8.42%	6.28%	6.96%	7.10%	0.50
福 建	27.37	29.88	32.44	35.59	38.90	42.33	9.16%	8.57%	9.71%	9.29%	8.50%	8.82%	0.50
山 东	43.80	45.98	49.89	51.69	54.37	57.78	4.97%	8.50%	5.18%	5.18%	6.49%	6.27%	0.50
广 东	101.90	104.14	110.58	124.61	135.13	146.20	2.20%	6.18%	12.69%	8.44%	6.96%	8.20%	0.50
海 南	4.89	5.60	6.70	7.46	8.52	9.50	14.42%	19.69%	11.32%	14.19%	7.51%	11.51%	0.50
中 部	158.28	167.43	184.59	202.59	220.59	241.82	5.78%	10.25%	9.75%	8.88%	9.25%	9.63%	0.50
山 西	17.61	18.13	19.51	20.73	21.92	23.37	2.94%	7.67%	6.16%	5.73%	6.36%	6.64%	0.50
吉 林	11.49	12.68	13.62	14.47	15.57	16.76	10.35%	7.40%	6.26%	7.56%	8.55%	7.69%	0.50
黑龙江	17.00	18.37	19.07	20.47	21.83	23.02	8.04%	3.83%	7.34%	6.64%	5.34%	5.46%	0.50
安 徽	20.66	22.41	24.48	27.35	30.16	33.38	8.47%	9.23%	11.72%	10.28%	10.84%	10.66%	0.50

图 15-8 补齐本年预测值

移动平均步骤三：上半年汇总（图 15-9）。上半年的数据靠的是单月绝对值汇总，计算出增幅，而不是直接用增幅来处理，因为绝对值是决定增幅的因而不是果。

	行业收入						行业收入增幅				
	2009	2010	2011	2012	2013	2014E	2010	2011	2012	2013	2014E
全 国	4055.92	4345.54	4740.71	5175.31	5642.58	6155.44	7.14%	9.09%	9.17%	9.03%	9.09%
东 部	2458.52	2635.88	2844.31	3076.91	3283.84	3526.74	7.21%	7.91%	8.18%	6.73%	7.40%
北 京	202.75	215.71	229.63	249.45	274.54	298.75	6.39%	6.45%	8.63%	10.06%	8.82%
天 津	61.43	66.21	71.41	78.51	82.28	87.95	7.80%	7.85%	9.93%	4.81%	6.89%
河 北	175.37	187.88	206.46	229.48	242.36	262.14	7.13%	9.89%	11.15%	5.61%	8.16%
辽 宁	171.61	178.40	192.57	204.58	212.33	223.92	3.96%	7.94%	6.24%	3.79%	5.46%
上 海	203.10	221.40	231.43	250.51	268.97	287.56	9.01%	4.53%	8.24%	7.37%	6.91%
江 苏	315.41	351.85	375.02	415.16	436.70	467.08	11.56%	6.58%	10.70%	5.19%	6.96%
浙 江	290.39	313.47	340.25	370.57	398.10	430.37	7.95%	8.54%	8.91%	7.43%	8.10%
福 建	159.48	170.93	188.00	207.43	225.31	246.52	7.18%	9.99%	10.34%	8.62%	9.42%
山 东	249.23	266.20	288.60	306.14	325.06	347.01	6.81%	8.41%	6.08%	6.18%	6.75%
广 东	599.77	630.09	682.92	722.84	772.61	827.17	5.06%	8.38%	5.85%	6.88%	7.06%
海 南	30.00	33.73	38.02	42.23	45.58	50.11	12.43%	12.73%	11.07%	7.92%	9.95%
中 部	932.93	1021.35	1122.18	1241.84	1356.80	1489.56	9.48%	9.87%	10.66%	9.26%	9.78%
山 西	98.62	105.79	116.09	126.84	135.47	146.54	7.27%	9.74%	9.26%	6.80%	8.17%
吉 林	71.02	75.08	81.40	85.20	92.65	99.77	5.72%	8.41%	4.67%	8.75%	7.68%
黑龙江	96.58	104.05	114.41	122.49	128.97	137.95	7.74%	9.96%	7.06%	5.29%	6.97%
安 徽	118.76	132.59	147.71	167.99	186.17	208.10	11.65%	11.40%	13.73%	10.82%	11.78%

图 15-9　上半年汇总

移动平均步骤四：下半年汇总（图 15-10）。下半年的汇总数其实是预测值的汇总。

	行业收入						行业收入增幅					
	2009	2010	2011	2012	2013E	2014E	2010	2011	2012	2013E	2013	2014
全 国	4368.36	4642.77	5139.13	5587.60	6048.80	6600.20	6.28%	10.69%	8.73%	8.25%	8.25%	9.12%
东 部	2526.30	2630.32	2874.54	3106.59	3318.83	3577.77	4.12%	9.28%	8.07%	6.83%	6.83%	7.80%
北 京	201.28	214.92	241.15	257.02	278.40	303.95	6.78%	12.20%	6.58%	8.32%	8.32%	9.18%
天 津	63.10	66.41	74.28	79.49	84.43	90.77	5.25%	11.85%	7.02%	6.20%	6.20%	7.51%
河 北	180.35	190.65	209.81	228.34	245.27	265.40	5.71%	10.05%	8.83%	7.41%	7.41%	8.21%
辽 宁	177.86	180.71	197.10	209.04	218.83	231.60	1.60%	9.07%	6.06%	4.69%	4.69%	5.83%
上 海	215.34	226.58	239.99	257.63	277.63	297.22	5.22%	5.92%	9.28%	5.86%	5.86%	7.06%
江 苏	325.93	335.24	374.52	406.36	435.07	471.23	2.86%	11.72%	8.50%	7.06%	7.06%	8.31%
浙 江	294.19	303.25	329.29	354.01	374.91	403.11	3.08%	8.59%	7.51%	5.90%	5.90%	7.52%
福 建	165.80	178.22	195.82	215.24	231.46	251.59	7.49%	9.87%	9.92%	7.53%	7.53%	8.70%
山 东	260.41	272.15	297.14	310.45	332.39	357.18	4.51%	9.18%	4.48%	7.07%	7.07%	7.46%
广 东	612.09	628.26	674.88	729.72	793.58	856.02	2.64%	7.42%	9.61%	7.28%	7.28%	7.87%
海 南	29.94	33.92	40.56	44.66	48.67	53.83	13.29%	19.60%	10.11%	8.97%	8.97%	10.59%
中 部	954.20	995.01	1106.74	1218.82	1325.81	1459.35	4.28%	11.23%	10.13%	8.78%	8.78%	10.07%
山 西	105.66	108.98	119.20	128.23	136.56	146.87	3.15%	9.38%	7.57%	6.50%	6.50%	7.55%
吉 林	73.34	76.56	82.49	87.64	92.91	99.99	4.38%	7.75%	6.24%	6.02%	6.02%	7.62%
黑龙江	104.91	107.61	116.29	124.14	130.39	139.03	2.57%	8.07%	6.75%	5.04%	5.04%	6.63%
安 徽	121.29	131.89	146.09	165.35	184.39	206.19	8.74%	10.76%	13.19%	11.51%	11.51%	11.83%

图 15-10　下半年汇总

移动平均步骤五：全年汇总（图 15-11）。全年汇总即上半年 + 下半年的绝对值汇总，再计算出对应的增幅。

指数平滑的区别：每个周期都有一个预测值。第一期的预测值设定为实际值，后面逐渐根据实际情况修正，如图 15-12 所示。

	行业收入						行业收入增幅				
	2009	2010	2011	2012	2013E	2014E	2010	2011	2012	2013E	2014
全国	8424.28	8988.30	9879.84	10762.91	11691.37	12755.64	6.70%	9.92%	8.94%	8.63%	9.10%
东部	4984.82	5266.20	5718.84	6183.50	6602.68	7104.50	5.64%	8.60%	8.12%	6.78%	7.60%
北京	404.03	430.64	470.78	506.48	552.94	602.70	6.58%	9.32%	7.58%	9.18%	9.00%
天津	124.53	132.63	145.69	158.00	166.71	178.71	6.50%	9.85%	8.45%	5.51%	7.20%
河北	355.71	378.53	416.27	457.82	487.63	527.53	6.41%	9.97%	9.98%	6.51%	8.18%
辽宁	349.47	359.11	389.66	413.62	431.16	455.52	2.76%	8.51%	6.15%	4.24%	5.65%
上海	418.44	447.97	471.42	512.76	546.60	584.78	7.06%	5.23%	8.77%	6.60%	6.99%
江苏	641.34	687.11	749.54	821.52	871.77	938.31	7.14%	9.08%	9.60%	6.12%	7.63%
浙江	584.58	616.72	669.54	724.58	773.01	833.48	5.50%	8.57%	8.22%	6.68%	7.82%
福建	325.28	349.16	383.82	422.67	456.77	498.12	7.34%	9.93%	10.12%	8.07%	9.05%
山东	509.63	538.35	585.74	616.60	657.44	704.19	5.64%	8.80%	5.27%	6.62%	7.11%
广东	1211.86	1258.35	1357.80	1462.56	1566.19	1683.19	3.84%	7.90%	7.72%	7.09%	7.47%
海南	59.94	67.65	78.59	86.90	94.25	103.94	12.86%	16.17%	10.58%	8.46%	10.28%
中部	1887.13	2016.35	2228.93	2460.66	2682.62	2948.90	6.85%	10.54%	10.40%	9.02%	9.93%
山西	204.27	214.77	235.29	255.07	272.04	293.41	5.14%	9.56%	8.41%	6.65%	7.86%
吉林	144.36	151.64	163.89	172.84	185.56	199.76	5.04%	8.08%	5.46%	7.36%	7.65%
黑龙江	201.49	211.66	230.70	246.63	259.36	276.98	5.05%	9.00%	6.90%	5.16%	6.80%
安徽	240.05	264.48	293.80	333.34	370.56	414.29	10.18%	11.08%	13.46%	11.17%	11.80%

图 15-11　全年汇总

	行业收入						行业收入增幅									模型参数
	2009	2010	2011	2012	2013	2014E	2010	2010E	2011	2011E	2012	2012E	2013	2013E	2014E	
全国	629.39	669.67	727.10	816.30	871.56	944.10	6.40%	6.40%	8.58%	6.40%	12.27%	7.49%	6.77%	9.88%	8.32%	0.50
东部	404.00	426.09	456.75	504.66	530.38	566.20	5.47%	5.47%	7.20%	5.47%	10.49%	6.33%	5.10%	8.41%	6.75%	0.50
北京	31.98	34.95	36.24	38.68	42.85	46.58	9.28%	9.28%	3.70%	9.28%	6.74%	6.49%	10.79%	6.61%	8.70%	0.50
天津	9.66	10.51	11.35	12.42	13.54	14.75	8.83%	8.83%	7.97%	8.83%	9.42%	8.40%	8.99%	8.91%	8.95%	0.50
河北	29.11	29.81	32.47	38.63	37.86	39.81	2.39%	2.39%	8.92%	2.39%	18.98%	5.65%	-2.00%	12.32%	5.16%	0.50
辽宁	27.92	28.15	29.85	32.75	34.31	36.26	0.82%	0.82%	6.05%	0.82%	9.72%	3.44%	4.76%	6.58%	5.67%	0.50
上海	33.16	35.95	37.76	39.79	43.15	46.28	8.42%	8.42%	5.05%	8.42%	5.37%	6.73%	8.44%	6.05%	7.25%	0.50
江苏	51.01	55.20	60.51	68.56	69.92	74.49	8.22%	8.22%	9.60%	8.22%	13.31%	8.91%	1.98%	11.11%	6.55%	0.50
浙江	47.89	50.53	55.61	60.86	66.08	71.76	5.51%	5.51%	10.05%	5.51%	9.45%	7.78%	8.58%	8.61%	8.60%	0.50
福建	26.87	27.81	30.53	34.92	37.88	41.48	3.47%	3.47%	9.81%	3.47%	14.35%	6.64%	8.49%	10.49%	9.49%	0.50
山东	40.78	42.33	45.43	51.39	51.57	54.06	3.80%	3.80%	7.32%	3.80%	13.11%	5.56%	0.35%	9.34%	4.84%	0.50
广东	100.55	105.28	110.74	119.68	125.62	132.82	4.70%	4.70%	5.20%	4.70%	8.06%	4.95%	4.97%	6.50%	5.74%	0.50
海南	5.06	5.58	6.26	6.99	7.60	8.37	10.27%	10.27%	12.20%	10.27%	11.73%	11.23%	8.72%	11.48%	10.10%	0.50
中部	154.43	164.63	181.81	209.52	222.20	242.13	6.61%	6.61%	10.43%	6.61%	15.24%	8.52%	6.05%	11.88%	8.97%	0.50
山西	15.21	16.46	18.16	19.77	21.31	23.11	8.21%	8.21%	10.34%	8.21%	8.82%	9.27%	7.82%	9.05%	8.43%	0.50
吉林	11.50	11.85	13.29	14.01	15.42	16.69	3.03%	3.03%	12.13%	3.03%	5.44%	7.58%	10.03%	6.51%	8.27%	0.50
黑龙江	15.77	16.80	18.21	21.14	20.93	22.05	6.54%	6.54%	8.35%	6.54%	16.09%	7.45%	-1.00%	11.77%	5.39%	0.50
安徽	20.36	21.27	24.23	29.23	30.78	33.90	4.49%	4.49%	13.91%	4.49%	20.61%	9.20%	5.32%	14.91%	10.11%	0.50

图 15-12　指数平滑结构

指数平滑的区别：补齐本年预测值（图 15-13）。其思路与移动平均类似，区别是 2013 采用当前累计代替，而非真正的 2013 全年情况。

指数平滑的区别：全年汇总（图 15-14）。其思路与移动平均类似，区别是 2013 采用当前累计代替，而非真正的 2013 全年情况。

参数调节方法：首先确定移动平均的加权参数，再确定指数平滑的平滑参数，最后确定移动平均与指数平滑结果的权重。验证方法：把周期往前调，利用最新一期已知情况，使得误差最小。

	行业收入						行业收入增幅									模型参数
	2009	2010	2011	2012	2013E	2014E	2010	2010E	2011	2011E	2012	2012E	2013	2013E	2014E	
全国	732.24	772.81	845.17	926.91	1006.27	1093.72	5.54%	5.54%	9.36%	5.54%	9.67%	7.45%	8.82%	8.56%	8.69%	0.50
东部	423.29	444.26	475.33	516.73	554.67	593.58	4.95%	4.95%	6.99%	4.95%	8.71%	5.97%	6.69%	7.34%	7.02%	0.50
北京	32.96	35.53	39.83	42.20	45.56	49.50	7.79%	7.79%	12.10%	7.79%		5.97%	9.34%	7.95%	8.65%	0.50
天津	10.77	11.40	12.58	13.13	13.96	14.73	5.87%	5.87%	10.38%	5.87%	4.39%	8.12%	4.81%	6.25%	5.53%	0.50
河北	31.43	31.39	34.33	38.46	41.66	44.61	-0.13%	-0.13%	9.36%	-0.13%	12.03%	4.62%	5.85%	8.32%	7.08%	0.50
辽宁	29.21	29.88	33.16	35.00	37.13	38.97	2.29%	2.29%	11.01%	2.29%	5.52%	6.65%	3.83%	6.09%	4.96%	0.50
上海	35.87	42.89	39.26	42.74	45.82	49.13	19.57%	19.57%	-8.47%	19.57%	8.87%	5.55%	7.22%	7.21%	7.21%	0.50
江苏	55.55	56.94	62.86	67.62	72.36	76.87	2.51%	2.51%	10.41%	2.51%	7.57%	6.46%	5.44%	7.01%	6.23%	0.50
浙江	49.54	50.63	53.70	58.22	61.88	65.97	2.21%	2.21%	6.07%	2.21%	8.42%	4.14%	6.96%	6.28%	6.52%	0.50
福建	27.37	29.88	32.44	35.59	38.90	42.36	9.16%	9.16%	8.57%	9.16%	9.71%	8.87%	8.50%	9.29%	8.90%	0.50
山东	43.80	45.98	49.89	51.69	54.37	57.54	4.97%	4.97%	8.49%	4.97%	3.63%	6.73%	6.49%	5.18%	5.83%	0.50
广东	101.90	104.14	110.58	124.61	135.13	145.53	2.20%	2.20%	6.18%	2.20%	12.69%	4.19%	6.96%	8.44%	7.70%	0.50
海南	4.89	5.60	6.70	7.46	8.52	9.44	14.42%	14.42%	19.69%	14.42%	11.32%	17.06%	7.51%	14.19%	10.85%	0.50
中部	158.28	167.43	184.59	202.59	220.59	240.58	5.78%	5.78%	10.25%	5.78%			9.25%	8.89%		0.50
山西	17.61	18.13	19.52	20.73	21.92	23.24	2.94%	2.94%	7.67%	2.94%	6.16%	5.31%	6.36%	5.73%	6.05%	0.50
吉林	11.49	12.68	13.62	14.47	15.57	16.82	10.35%	10.35%	7.40%	10.35%	6.26%	8.87%	8.55%	7.56%	8.06%	0.50
黑龙江	17.00	18.37	19.07	20.47	21.83	23.14	8.04%	8.04%	3.83%	8.04%	7.34%	5.94%	5.34%	6.64%	5.99%	0.50
安徽	20.66	22.41	24.48	27.35	30.16	33.35	8.47%	8.47%	9.23%	8.47%	11.72%	8.85%	10.84%	10.28%	10.56%	0.50

图 15-13　补齐本年预测值

	行业收入						行业收入增幅				
	2009	2010	2011	2012	2013E	2014E	2010	2011	2012	2013E	2014E
全国	8424.28	8988.30	9879.84	10762.91	11691.37	12707.97	6.70%	9.92%	8.94%	8.63%	8.70%
东部	4984.82	5266.20	5718.84	6183.50	6602.68	7077.56	5.64%	8.60%	8.12%	6.78%	7.19%
北京	404.03	430.64	470.78	506.48	552.94	600.78	6.58%	9.32%	7.58%	9.18%	8.65%
天津	124.53	132.63	145.69	158.00	166.71	177.95	6.50%	9.85%	8.45%	5.51%	6.75%
河北	355.71	378.53	416.27	457.82	487.63	525.11	6.41%	9.97%	9.98%	6.51%	7.69%
辽宁	349.47	359.11	389.66	413.62	431.16	452.30	2.76%	8.51%	6.15%	4.24%	4.90%
上海	418.44	447.97	471.42	512.76	546.60	585.62	7.06%	5.23%	8.77%	6.60%	7.14%
江苏	641.34	687.11	749.54	821.52	871.77	935.64	7.14%	9.08%	9.60%	6.12%	7.33%
浙江	584.58	616.72	669.54	724.58	773.01	830.16	5.50%	8.57%	8.22%	6.68%	7.39%
福建	325.28	349.16	383.82	422.67	456.77	496.44	7.34%	9.93%	10.12%	8.07%	8.69%
山东	509.63	538.35	585.74	616.60	657.44	701.37	5.64%	8.80%	5.27%	6.62%	6.68%
广东	1211.86	1258.35	1357.80	1462.56	1566.19	1674.59	3.84%	7.90%	7.72%	7.09%	6.92%
海南	59.94	67.65	78.59	86.90	94.25	103.51	12.86%	16.17%	10.58%	8.46%	9.82%
中部	1887.13	2016.35	2228.93	2460.66	2682.62	2935.97	6.85%	10.54%	10.40%	9.02%	9.44%
山西	204.27	214.77	235.29	255.07	272.04	291.97	5.14%	9.56%	8.41%	6.65%	7.33%
吉林	144.36	151.64	163.89	172.84	185.56	198.94	5.04%	8.08%	5.46%	7.36%	7.21%
黑龙江	201.49	211.66	230.70	246.63	259.36	275.58	5.05%	9.00%	6.90%	5.16%	6.26%
安徽	240.05	264.48	293.80	333.34	370.56	413.78	10.18%	11.08%	13.46%	11.17%	11.67%

图 15-14　全年汇总

第四节　业务发展预测模型

本专题完成于2016年6月。委托方要求预测2016年6～12月4G用户发展数。
基本思路如下：

■ 这是一个定量预测模型。

■ 符合时序模型的适用条件。

■ 可选的方法有移动平均、指数平滑、线性回归、非线性回归等时间序
列预测法。

结论：采用回归模型，经过曲线估计过程，最终选定一元非线性回归模型。

步骤一：提取数据，如表 15-10 所示。

表 15-10　提取数据

时间	用户数	时间	用户数	时间	用户数
		2015 年 1 月	9 998 056	2016 年 1 月	64 400 573
		2015 年 2 月	13 003 358	2016 年 2 月	69 359 078
		2015 年 3 月	16 752 570	2016 年 3 月	74 277 112
		2015 年 4 月	20 428 440	2016 年 4 月	78 549 524
		2015 年 5 月	24 792 395	2016 年 5 月	83 213 756
		2015 年 6 月	29 257 105	2016 年 6 月	?
		2015 年 7 月	33 990 516	2016 年 7 月	?
		2015 年 8 月	38 795 826	2016 年 8 月	?
		2015 年 9 月	43 736 830	2016 年 9 月	?
		2015 年 10 月	49 099 760	2016 年 10 月	?
		2015 年 11 月	53 569 348	2016 年 11 月	?
2014 年 12 月	7 082 916	2015 年 12 月	58 462 738	2016 年 12 月	?

步骤二：绘制曲线，如图 15-15 所示。

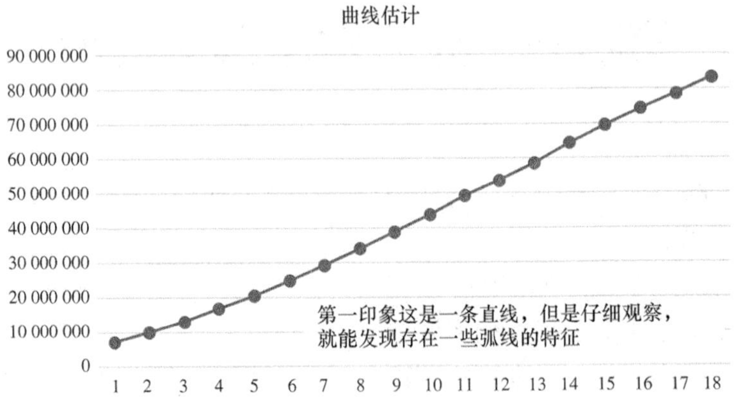

图 15-15　曲线估计

步骤三：参数估计。首先把所有模型都选上，在图 15-16 中可以看出逆函数、S 函数、对数函数是不行的。

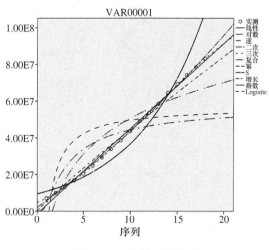

图 15-16　参数估计（1）

查看参数表，里面 R 方和 F 是越大越好，这样就淘汰了逆函数、S 函数、对数函数，如图 15-17 所示。

模型摘要和参数估算值

因变量：VAR00001

方程	模型摘要					参数估算值			
	R方	F	自由度1	自由度2	显著性	常量	b1	b2	b3
线性	.996	3978.548	1	16	.000	-1417994.771	4644993.023		
对数	.829	77.818	1	16	.000	-14354519.9	28221972.67		
逆	.466	13.969	1	16	.002	56928945.30	-73231244.6		
二次	.999	7219.895	2	15	.000	2058748.346	3601970.088	54895.944	
三次	1.000	58641.105	3	14	.000	4824435.918	2059700.702	252445.056	-6931.548
复合	.941	254.084	1	16	.000	9442741.836	1.146		
幂	.980	788.124	1	16	.000	5306968.901	.923		
S	.717	40.588	1	16	.000	17.883	-2.734		
增长	.941	254.084	1	16	.000	16.061	.136		
指数	.941	254.084	1	16	.000	9442741.836	.136		
Logistic	.941	254.084	1	16	.000	1.059E-7	.873		

图 15-17　参数估计（2）

这一步淘汰复合、增长、指数、逻辑 4 条曲线，如图 15-18 所示。

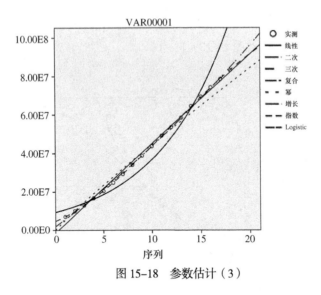

图 15-18　参数估计（3）

可以看出剩下的线性、二次、三次比较好，而幂函数再次掉队，如图 15-19 所示。

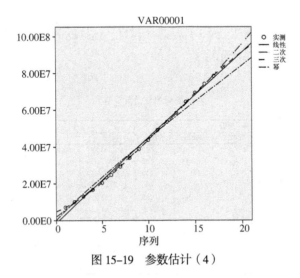

图 15-19　参数估计（4）

可以看出，三次曲线的拟合最佳，其次是二次，最后是线性，如图 15-20 所示。从理论上来说应该选择三次曲线作为拟合曲线（有时为了避免过拟合而选择二次曲线）。

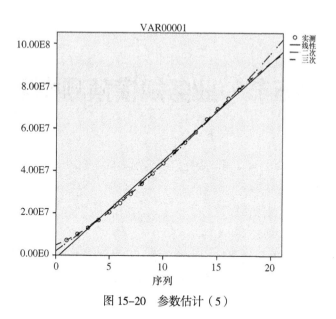

图 15-20　参数估计（5）

步骤四：代入方程，求得结果，如表 15-11 所示。一旦发现模型过拟合，要立刻更换较低复杂度的模型。

表 15-11　方程代入求解

时间	用户数	时间	用户数	时间	用户数
		2015 年 1 月	9 998 056	2016 年 1 月	64 400 573
		2015 年 2 月	13 003 358	2016 年 2 月	69 359 078
		2015 年 3 月	16 752 570	2016 年 3 月	74 277 112
		2015 年 4 月	20 428 440	2016 年 4 月	78 549 524
		2015 年 5 月	24 792 395	2016 年 5 月	83 213 756
		2015 年 6 月	29 257 105	2016 年 6 月	87 547 928
		2015 年 7 月	33 990 516	2016 年 7 月	91 544 090
		2015 年 8 月	38 795 826	2016 年 8 月	95 213 356
		2015 年 9 月	43 736 830	2016 年 9 月	98 514 138
		2015 年 10 月	49 099 760	2016 年 10 月	101 404 845
		2015 年 11 月	53 569 348	2016 年 11 月	103 843 888
2014 年 12 月	7 082 916	2015 年 12 月	58 462 738	2016 年 12 月	105 789 679

第五节　业务规模预测模型

本专题完成于2011年1月。委托方要求预测某业务2011年全年的业务收入。

基本思路如下：

■ 这是一个定量预测模型。

■ 符合时序模型的适用条件。

■ 可选的方法有移动平均、指数平滑、线性回归等时间序列预测法。

结论：采用线性回归结合季节变动模型，减少单月误差。

步骤一：提取数据，如表15-12所示。

表 15-12　提取历史数据

	2008 年	2009 年	2010 年	2011 年
1 月	79 786	70 857	71 015	?
2 月	69 433	72 334	69 271	?
3 月	83 359	89 316	67 502	?
4 月	92 928	86 181	77 783	?
5 月	85 336	84 853	73 936	?
6 月	97 600	78 832	72 710	?
7 月	85 388	87 220	66 039	?
8 月	90 866	80 060	67824	?
9 月	102 840	87 475	75 300	?
10 月	87 244	89 421	72 216	?
11 月	94 878	80 657	75 182	?
12 月	80 397	71 598	63 412	?

步骤二：计算长期趋势，如表15-13所示。

表 15-13　计算长期趋势

	2008 年	2009 年	2010 年	2011 年
1 月	79 786	70 857	71 015	69 595
2 月	69 433	72 334	69 271	69 031
3 月	83 359	89 316	67 502	68 467
4 月	92 928	86 181	77 783	67 903
5 月	85 336	84 853	73 936	67 339
6 月	97 600	78 832	72 710	66 775
7 月	85 388	87 220	66 039	66 210
8 月	90 866	80 060	67 824	65 646
9 月	102 840	87 475	75 300	65 082
10 月	87 244	89 421	72 216	64 518
11 月	94 878	80 657	75 182	63 954
12 月	80 397	71 598	63 412	63 390

步骤三：计算误差，如表 15-14 所示。

表 15-14　计算误差

	2008 年	2009 年	2010 年	2011 年
1 月	−10 114	−12 275	−5 348	0
2 月	−19 903	−10 234	−6 528	0
3 月	−5 413	7 313	−7 733	0
4 月	4 720	4 742	3 112	0
5 月	−2 308	3 978	−171	0
6 月	10 520	−1 479	−833	0
7 月	−1 128	7 473	−6 940	0
8 月	4 914	877	−4 591	0
9 月	17 452	8 856	3 449	0
10 月	2 420	11 366	929	0
11 月	10 618	3 166	4 459	0
12 月	−3 299	−5 329	−6 747	0

步骤四：计算月调整值。

表 15-15　计算月调整值

	2008 年	2009 年	2010 年	调整值
1 月	−10 114	−12 275	−5 348	−9 246
2 月	−19 903	−10 234	−6 528	−12 222
3 月	−5 413	7 313	−7 733	−1 944
4 月	4 720	4 742	3 112	4 191
5 月	−2 308	3 978	−171	500
6 月	10 520	−1 479	−833	2 736
7 月	−1 128	7 473	−6 940	−198
8 月	4 914	877	−4 591	400
9 月	17 452	8 856	3 449	9 919
10 月	2 420	11 366	929	4 905
11 月	10 618	3 166	4 459	6 081
12 月	−3 299	−5 329	−6 747	−5 125

步骤五：修正预测值，如表 15-16 所示。

表 15-16　修正预测值

	预测值	调整值	调整值
1 月	69 595	−9 246	60 349
2 月	69 031	−12 222	56 809
3 月	68 467	−1 944	66 522
4 月	67 903	4 191	72 094
5 月	67 339	500	67 838
6 月	66 775	2 736	69 511
7 月	66 210	−198	66 012
8 月	65 646	400	66 046
9 月	65 082	9 919	75 001
10 月	64 518	4 905	69 423
11 月	63 954	6 081	70 035
12 月	63 390	−5 125	58 265

使用季节模型前后对比如图 15-21 所示，很明显使用季节模型后，很好地模拟了真正的季节特征，从而提升了预测的准确性。

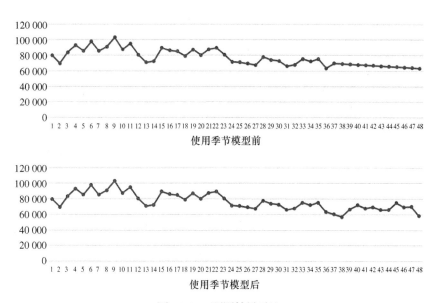

图 15-21　预测结果对比

第十六章

概论：营销策划的日常

第一节　营销策划的概念

营销策划是根据企业的营销目标，通过企业设计和规划企业产品、服务、创意、价格、渠道、促销，从而实现个人和组织的交换过程的行为。以满足消费者需求和欲望为核心，现代管理学将营销策划分为营销策划市场细分、产品创新、营销战略设计及营销组合（主要是 4P，即产品、价格、渠道和促销）四个方面的内容。

以上概念是跨行业的标准术语，对于通信运营这个行业来说，需要有一些本地化的解读。电信行业具有全程全网、产品即服务（服务非实体化）、普遍服务这些特点，所以运营商的产品和服务无法区分，策划的创意受到产品虚拟化的限制，实体产品仅仅是 USIM 卡而已。价格目前已经完全放开自由竞争，有个说法是，过去十年什么东西都涨，就运营商在降，给控制 CPI 指数做出巨大贡献。

当然，随着时代的变化，营销策划概念的内涵和外延也在随之发展（图 16-1）。在市场营销学中最经典的 4P 理论"产品、价格、渠道和促销"到现在仍然适用，尤其在营销诊断过程中，4P 还是最佳的问题定位框架。

接下来出现的 4C 理论"消费者、成本、便利和沟通"是典型的偏向买方观点的营销策划框架，开始转向强调客户在哪里、成本是否能支撑、消费者是否能便利买到产品或享受服务、卖点和消费者诉求是否沟通顺畅达到一致。相比 4P 理论，4C 理论更加贴近客户，体现的是消费者满意度。

到了营销 2.0 阶段，4R 理论提出了"关联、反映、关系和回报"，这是纯以消费者视角提出的价值效用的体现。关联是客户与品牌的化学反应，反映（实际是反响）代表客户的美誉度，关系代表客户与厂商的联系是否紧密，回报则是以积分制度为代表的客户关系维系。4R 理论非常强调与客户的实际沟通效果，从某种意义上来说，就是粉丝经济，先圈粉再赚钱。

4S 理论与汽车 4S 店毫无关系，这是营销再次转型的一种分析框架，包括"满意、服务、速度和诚意"，这套理论充分论证了服务即产品、服务就是竞争力，典型的代表就是海底捞火锅，一个别人无法模仿的服务立身的标杆式企业。

到了营销 3.0 时代，4V 理论"差异化、功能化、附加价值和共鸣"应运而生，这是营销理论的又一次重大革新，是服务至上的升华。它体现了营销中更本质的东西，即真正满足消费者对产品或服务的效用性满足，包括马斯洛需求理论中较高层次的需求。买宾利、劳斯莱斯的客户要体现的绝对不是代步这件事，但大众朗逸、日产轩逸的车主想的就是有个车开并接送孩子。如果想不通这一点，产品会莫名其妙地失败，而前面的几套理论甚至无法解释了。

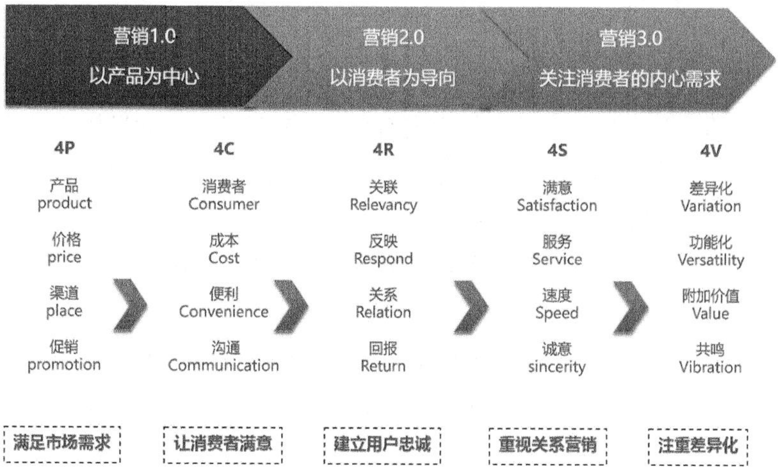

图 16-1　营销策划

　　如果在网络上搜索"营销策划"，很多所谓的营销策划公司或专家其实涉及的是广告创意、渠道管理、销售培训等相干但不交叉的方向或者市场定位这样的子任务，并不能算是真正的营销策划专业。营销策划，是能从市场细分（甚至是数据分析）、产品设计（参与）、制定营销战略及4P组合规划等完整计划并指导落地实施的工作。

　　对营销策划人员来说，应该具备哪些能力呢？首先要有行业背景。不排除有真正的天才策划，可以轻松地跨行业完成优秀的策划工作，但这样的人才非常稀缺。这种天才并非天赋异禀，只是真正熟练掌握方法论，并且具有超强的快速学习和适应能力。绝大多数营销策划人员需要在一个行业深耕，了解这个行业的营销特点，比如电信行业的产品是特殊的，通信服务是虚拟的，可以描述但没有实体。电信行业的价格特点是，原来是管制的，后来上限管理，现在完全放开，但是存在结算价这一成本下限。电信行业的渠道分为自营和代理，也分为实体和电子。销售虚拟的服务确实是一门学问，例如渠道向消费者解释某个运营商的网络信号更好、辐射更低，需要一定的实践才能了解。电信行业的促销也在变化中，以前是不需要促销还收取天价的初装费；后来是开始搞套餐，比原来的标准资费便宜很多；前几年终端补贴大行其道，米、面、油、自行车、电动车等促销品百花齐放；现在则只能用话费补贴，且不允许实物赠送，只能靠积分商城做点小文章。

　　其次要懂产品／业务。在电信行业，产品和业务很难区分，姑且都称作业务。每个产品设计出来的时候，都有描述的文档，类似文档的合集一般称为《产品手册》。另外还有一本书也很重要，称为《资费手册》。这两本书就是运营商内部的"业务圣经"，不论是经营分析还是营销策划，如果想做得好，这两本书必读。懂业务这件事可以这样理解，如果策划的产品是怎么满足客户需求的都不知道，那么这个策划能做得很好吗？

　　再次要会数据分析。营销策划人员不需要懂数据挖掘这样的专业分析技术，但基本的数据分析能力还是必备技能。现在是大数据时代，定性分析很难在营销策划中指导决策，越来越多的营销方案是基于海量用户数据的分析和建模，例如第十八章要介绍的营销策划方法论。退一步说，至少要会做销售报表、看懂渠道汇总报表这些基本的数据技能。

　　最后要掌握方法论。没有方法论的营销策划是无本之木，是"野路子"，而这种野路子可能一时繁盛但不会持久。有一年某运营商的某个地市分公司突发奇想，发行了一种1分钱1分钟的时长型上网数据卡。本身上网卡按照流量是全球运营商的共识，做出时长型就很怪异了，这样的资费更是一种"炸弹"式的创新。几乎是一瞬间，全国的卡贩子都知道这里有一种非常便宜的数据卡，销量惊人。当然，此事的最后结果并不愉快，一直惊动了工信部和运营商的集团公司管理层，为平息此事甚至专门发了若干文件，清退这批客户更是大伤元气。其实，在营销策划方法论中，有多个步骤可以避免这种乱象，在套餐设计步骤中的实施前评估阶段，评估模板可以有效地避免这种风险巨大方案的出台。

第二节　营销策划技术演进

营销策划的理论不断进步，相应的理念、技术也逐渐发展起来。

我们先从现代企业的五种市场营销观念讲起，分别是生产观念、产品观念、推销观念、市场营销观念和社会市场营销观念。

1. 生产观念

生产观念是指导销售者行为最古老的观念之一。这种企业经营哲学不是从消费者需求出发的，而是从企业生产出发的。其主要表现是"我生产什么，就卖什么"。生产观念认为，消费者喜欢那些可以随处买得到而且价格低廉的产品，企业应致力于提高生产效率和分销效率，扩大生产，降低成本以扩展市场。显然，生产观念是一种重生产、轻市场营销的商业哲学。

例如，中国古代的盐铁专营，近代工业的大规模生产，"二战"期间各国执行的战时共产主义配给制，中国改革开放前的苏联式计划经济，都是典型的生产观念。中国几大自行车厂生产的自行车无外乎就是26寸和28寸两种规格，结果改革开放后，捷安特等境外厂商一进来就靠更先进的产品观念"大杀四方"，一时间国内自行车行业"尸横遍野"。

生产观念是在卖方市场条件下产生的。在资本主义工业化初期一直到冷战初期，由于物资短缺，市场产品供不应求，生产观念在企业经营管理中颇为流行。新中国成立时，也是市场产品短缺，企业不愁其产品没有销路，工商企业在其经营管理中也自然奉行生产观念，具体表现为：工业企业集中力量发展生产，轻视或根本无视市场营销，实行以产定销；商业企业集中力量抓货源，工业生产什么就收购什么，工业生产多少就收购多少，也完全没有营销的概念。

在生产观念流行的阶段，没有营销策划的份，自然也谈不上营销策划技术的应用。目前，中国的通信行业已经饱和，生产观念肯定是行不通的。

2. 产品观念

这也是一种较早的企业经营观念。产品观念认为，消费者最喜欢高质量、多功能和具有某种特色的产品，企业应致力于生产高值产品，并不断加以改进。它产生于市场产品供不应求的"卖方市场"形势下。最容易滋生产品观念的场合，莫过于当企业发明一项新产品时。

例如，美国柯达公司的创始人发明了胶卷并创立柯达公司。在漫长的 100 年左右的时间里，柯达以胶卷为核心构建的影像帝国确立了从相机、胶卷到冲印服务的江湖老大地位。后来者日本富士和中国乐凯也仅仅是挑战而无法构成关键威胁。但是，恪守产品观念的柯达，一直认为好的产品是成功的金钥匙，坚持不断改进自己的彩色胶卷和传统相机，最终被历史淘汰而导致破产。令人唏嘘的是，柯达公司正是世界上第一台数码相机的发明者。作为掘墓人埋葬自己，柯达公司是对产品观念已过时的经典注脚。

在产品观念主导的时代，营销策划的重心是如何宣传产品的高质量和多功能，此时的营销策划技术主要是广告技术尤其是广告创意策划，例如"车到山前必有路，有路必有丰田车""要想皮肤好，早晚用大宝"。产品观念在目前很多运营商自己开发的产品中多有体现，这是运营商产品很难打开市场的关键原因，因为这个时代产品观念是不足以称霸通信服务市场的。

3. 推销观念

推销观念（销售观念）产生于资本主义国家由"卖方市场"向"买方市场"过渡的阶段，是许多企业采用的另一种观念，表现为"我卖什么，顾客就买什么"。它认为，消费者通常表现出一种购买惰性或抗衡心理，如果听其自然的话，消费者一般不会足量购买某一企业的产品，因此，企业必须积极推销和大力促销，以刺激消费者大量购买本企业产品。推销观念在现代市场经济条件下被大量用于推销那些非渴求物品，即购买者一般不会想到要去购买的产品或服务。许多企业在产品过剩时，也常常奉行推销观念。这种观念虽然比前两种观念前进了一步，开始重视广告术及推销术，但其实质仍然是以生产为中心的，核心是怎么把产品"硬推"给消费者。

例如，以安利为代表的直销公司，采用的就是典型的推销观念，并通过其安利式销售——"诚心推荐""热心分享""真诚帮助""关爱他人才能成就自己"等特点迅速在全球发展起来。安利推销的核心是如何对消费者完成自身产品"高质量、物有所值"的概念转移的过程，刺激消费者大量、重复地购买安利产品。当然，推销观念如果走火入魔就进入了"传销"模式，这种强制式的观念式推销已经超越了道德而触犯了法律的底线。

在推销观念时代，营销策划的技术开始升级，如何做好宣传、促销和精准推荐成为主题，数据库营销正式登上历史舞台，同时，STP 营销、整合营销传播 IMC 等概念开始出现。在 2000 年以后，国内的通信服务市场增速放缓，从卖方市场逐渐转向买方市场，于是推销观念开始流行，运营商逐渐增加了广告投入和渠道争夺，用于推销通信产品尤其是卖 SIM 卡的营销成本迅速增加。

4. 市场营销观念

市场营销观念是作为对上述诸观念的挑战而出现的一种新型的企业经营哲学。这种观念是以满足顾客需求为出发点的，即"顾客需要什么，就生产什么"。市场营销观念认为，实现企业各项目标的关键在于正确确定目标市场的需要和欲望，并且比竞争者更有效地传送目标市场所期望的物品或服务，进而比竞争者更有效地满足目标市场的需要和欲望。市场营销观念的出现，使企业经营观念发生了根本性变化，也使市场营销学发生了一次革命。从本质上说，市场营销观念是一种以顾客需要和欲望为导向的哲学。

本田的第二代雅阁计划在美国生产和销售。在设计新车前，他们派出工程技术人员专程到洛杉矶地区考察高速公路的情况，实地丈量路长、路宽，采集高速公路的柏油，拍摄进出口道路的设计。回到日本后，专门修了一条 9 英里长的高速公路，就连路标和告示牌都与美国公路上的一模一样。在设计行李箱时，设计人员有分歧，他们就到停车场看了一个下午，看美国人如何放取行李，真理很快揭晓。最终，本田雅阁一到美国就倍受欢迎。它确实贯彻了市场营销观念的精髓，那就是先分析用户真正需要什么，然后提供比竞争对手更切合这种需要的产品。

随着市场营销观念的发展，营销策划的技术开始从粗放型的推销转向集约化、精确化的营销，核心技术从媒体宣传转向统计分析、数据挖掘，最终走向大数据，对客户深入分析，洞悉客户的偏好和需求，精准地提供和推荐产品或服务。在 2005 年以后，国内通信市场开始不可逆转地走向饱和状态，市场竞争日趋白热化，单纯的渠道争夺和全覆盖的粗放广告逐渐被边缘化，精确化营销深入人心，运营商逐渐开始接受并践行市场营销观念。

5. 社会市场营销观念

社会市场营销观念是对市场营销观念的修改和补充。社会市场营销观念认为，企业的任务是确定各个目标市场的需要、欲望和利益，并以保护或提高消费者和社会福利的方式，比竞争者更有效、更有利地向目标市场提供能够满足其需要、欲望和利益的物品或服务。其核心思想是企业不仅要关注自己获利、满足消费者的切身需要，还要综合考虑社会效益。

中国电信集团公司在投资建设云计算中心的时候，选择了内蒙古呼和浩特作为信息园区所在地，正是出于社会市场营销观念。该信息园采用先进的绿色环保节能技术，就地利用呼和浩特市丰富的电力资源，降低能源消耗与运营成本，极大地提升行业竞争力。与此同时，园区的建设将形成、拉动内蒙古云计算产业链，促进自治区产业结构优化升级与经济发展方式转变，提升首府呼和浩特的综合竞争力与可持续发展能力。其实，南北分拆后，中国电信的主要业务集中在南方 21 省，内蒙古并不在重点省份之列，但该地区有丰富的煤电资源，园区应用了多项世界领先的机房环保技术，创造性地采用了机房发热来补充冬季取暖，使得该园区的单位计算能力能耗远低于行业平均水平，实现了非常好的社会效益。

社会市场营销观念在越发达的国家和地区越受欢迎，但在追求温饱和小康的发展中国家并未引起足够重视，毕竟，发展是硬道理。其实，在资本主义老牌强国的发展过程中，也屡屡出现完全忽略社会效益的经营行为，例如销毁过剩商品、制造环境危机等。社会市场营销观念在营销技术上的体现主要是三方面：一是通过大数据技术精确控制资源消耗，减少浪费，保护环境；二是积极采用先进的技术，如饮料企业采用轻量可降解塑料包装瓶；三是加大宣传机器的声音，结合公益行动，美化企业的形象，如丰田组织志愿者种树，王老吉捐助汶川地震一亿元等。在国内通信市场上，三家运营商也开始响应国家的号召，贯彻社会市场营销观念。例如，用电子账单替代纸质账单，鼓励用户使用电子渠道以减少交通流量，机房采用环保设计降低单位能耗等。

第三节　互联网＋时代的营销策划

在互联网＋时代，全球运营商的营销策划也产生了翻天覆地的变化，本节我们讨论一下互联网化资费。

国际上大多数运营商还是采用分档包月套餐，如美国 AT&T 的 4 G 套餐如表 16-1 所示。

表 16-1　AT&T 的 4 G 套餐

月费	流量	语音	短信
45 美元	300 MB	无限	无限
50 美元	1 GB		
65 美元	2 GB		
95 美元	4 GB		
105 美元	6 GB		

个别运营商推出了互联网化资费方案，如和黄 3 爱尔兰公司推出的 Flex 套餐。其中，每个计费单元（Flexi-Unit）=1 分钟语音通话 /2 条短信 /500 KB 流量，如表 16-2 所示。

表 16-2　和黄 3 爱尔兰的 Flex 套餐

月费	Flexi-Units（计费单元）	套外资费
25.41 欧元	300	语音：34.56 c/ 分钟 短信：17.28 c/ 条
40.66 欧元	500	流量：34.56 c/500 KB

Flex Units 系列套餐推出后和黄 3 爱尔兰公司的用户迅速增多，如图 16-2 所示。

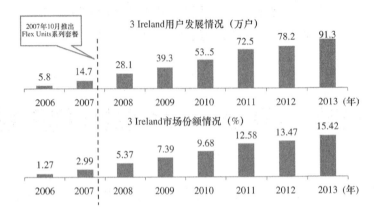

图 16-2　互联网化资费的威力

那么，什么是互联网化资费呢？互联网化资费具备五大特征：资费简单透明、互联网销售、互联网宣传和包装、用户自由选择、消费者放心使用。

对比来看，互联网化资费的门槛低，资费看起来便宜；用户自由度更高，甚至可自由配置业务种类和业务量；不清零、可转增。而传统套餐资费名义资费低，有一定门槛限制，用户不能配置套餐内业务种类和业务量，套餐内业务月底清零。

在充分分析了各种资费方案的优劣势以后，我们找到了四种可行的互联网化资费方案。

当然，即使是互联网化资费，也要满足一些基本的设定。业务分类为语音业务、流量业务、短彩信业务、增值业务四类。语音业务均采用长话、市话、漫游同价且境内漫游接听免费的方式，流量业务统一为国内流量，短彩信业务合一且为国内点对点短彩信，增值业务以 5 元为计费单位，现有的增值业务分别归入相应档位。国际及港澳台业务沿用原政策，单独计费，包括长途和漫游。套餐内外的资费差是套餐的本质属性，因此互联网化方案不存在套外资费，单项业务只有一种基础资费。

方案 1：账户模式

各业务使用单独账户计费，总账户仅起到汇总功能，不再使用全业务充值卡。采用业务卡或可选包的形式销售业务，类似流量充值卡，如面值 100 元的

500 分钟语音卡销售 70 元，可充值到语音账户中。各业务充值入口一致，利用号段区分业务类型，自动充入对应账户。新卡由至少充入一个 50 元业务包激活，业务量用完则该功能停用，所有业务账户无业务余量则进入停机状态。账户模式如图 16-3 所示。

用户总账户			
语音账户	流量账户	短/彩信账户	增值账户
·0.20元/分钟	·0.20元/MB	·0.1元/条	·5元/单位

图 16-3　账户模式

当然，对应的优惠通过如表 16-3 所示的充值优惠表来实现。

表 16-3　账户模式套餐

单次充值	50 元	100 元	200 元	500 元	1000 元
语音	250 分钟	500 分钟	1 000 分钟	2 500 分钟	5 000 分钟
流量	250 MB	500 MB	1 GB	2.5 GB	5 GB
短彩信	500 条	1 000 条	2 000 分钟	5 000 条	10 000 条
增值	10 单位	20 单位	40 单位	100 单位	200 单位
优惠价	40 元	70 元	120 元	250 元	400 元
有效期	3 个月	6 个月	12 个月	24 个月	36 个月

方案 2：低消模式

用户需选择承诺月最低消费的档次，档次越高单价越低。低消模式包括任意组合的业务，不包括国际及港澳台业务。无套餐，各档次内只有一种资费。入网当月按天折算。变更承诺档次，次月生效。低消模式套餐如表 16-4 所示。

表 16-4　低消模式套餐

低消承诺	语音单价	流量单价	短彩信单价	增值业务价格
50 元	0.20 元 / 分钟	0.20 元 /MB	0.1 元 / 条	5 元 / 单位
100 元	0.16 元 / 分钟	0.10 元 /MB	0.08 元 / 条	5 元 / 单位
150 元	0.14 元 / 分钟	0.09 元 /MB	0.06 元 / 条	4 元 / 单位
200 元	0.12 元 / 分钟	0.08 元 /MB	0.05 元 / 条	3 元 / 单位
300 元	0.10 元 / 分钟	0.07 元 /MB	0.04 元 / 条	2 元 / 单位
500 元	0.08 元 / 分钟	0.06 元 /MB	0.03 元 / 条	1 元 / 单位

方案 3：达量优惠模式

这种方案只有一种资费，且用户无须做任何选择。当月用户使用量达到一定程度，账单自动优惠打折。使用量累计包括任意组合的业务，但不包括国际及港澳台业务。达量优惠模式套餐如表 16-5 所示。

表 16-5　达量优惠模式套餐

当月消费	折扣比例	最大优惠
<50 元	9 折	5 元
50~100 元	8 折	20 元
100~150 元	7 折	45 元
150~200 元	6 折	80 元
200~300 元	5 折	150 元
300 元以上	4 折	180 元以上

方案 4：阶梯资费模式

采用阶梯资费，用户无须做任何选择。以优惠资费为计费单元，计费单元内设置封顶。计费单元内首先按照标准资费计费，达到封顶值后不再计费，直到计费单元结束。各业务使用量单独算。使用量不包括国际及港澳台业务。阶梯资费模式套餐如表 16-6 所示。

表 16-6　阶梯资费模式套餐

业务类型	标准资费	优惠资费
语音资费	0.2 元 / 分钟	按照 30 元 /300 分钟，到 150 分钟停止计费到 300 分钟结束
流量资费	0.2 元 /MB	按照 30 元 /500 MB，到 150 MB 停止计费到 500 MB 结束
短彩信资费	0.1 元 / 条	按照 30 元 /600 条，到 300 条停止计费到 600 条结束
增值业务资费	5 元 / 单位	按照 30 元 /12 单位，到 30 元停止计费到 8 个单位结束

这四种互联网化资费模式的对比分析结论如表 16-7 所示。各运营商和虚

拟运营商都可以酌情使用。

表 16-7　互联网化资费对比

方案模式	减收风险	互联网化程度	用户自由度	可实施性
账户模式	推荐顺序 2——风险较低，由于存在有效期，仍有资金沉淀收益	推荐顺序 2——互联网化程度较高	推荐顺序 3——自由度较低，仍然有有效期限制	推荐顺序 4——需要 IT 系统进行相应改造
低消模式	推荐顺序 1——风险最低，饱和度不足 100% 时仍有额外收益	推荐顺序 4——互联网化程度低，仍然是套餐的变形	推荐顺序 4——自由度低，仍然需要承诺消费	推荐顺序 1——简单可执行
达量优惠模式	推荐顺序 4——用户不用选择，自动优惠，饱和度 100%，风险最高	推荐顺序 1——互联网化程度最高，完全不用选择	推荐顺序 1——自由度最高，无任何限制	推荐顺序 2——需要进行账务优惠
阶级资费模式	推荐顺序 3——用户不用选择，自动优惠，但由于计费单元内部有阶梯（增加了费用曲线的积分面积），可以保证基础收益	推荐顺序 3——互联网化程度较高，用户不用选择	推荐顺序 2——自由度较高，基本无限制	推荐顺序 3——类似现有 4 G 套餐流量超出资费模式，但其他业务需要配置

第十七章

管理咨询模型：
必备武器库

本章我们温习一下营销策划中常用的一些管理咨询模型，这是必备的武器库。

第一节　STP 模型

在现代市场营销实践中，STP 模型作为营销的起点，实至名归。它是由美国营销学家菲利浦·科特勒在进一步发展和完善了温德尔·史密斯理论的基础上，最终形成的成熟 STP 理论——市场细分（Segmentation）、目标营销（Targeting）和市场定位（Positioning），它是战略营销的核心内容。

市场细分（Segmenting）：1956 年，温德尔·史密斯提出"市场细分"概念，将整个市场细分进行切入和选择目标市场，是最有价值的营销智慧之一。市场细分是根据消费者的需求差异，把某一产品的市场整体划分为若干个消费者群的市场分类过程。

先从巴黎欧莱雅说起。资料显示，巴黎欧莱雅集团旗下拥有赫莲娜、兰蔻、欧莱雅、美宝莲、卡尼尔和小护士几个主要品牌。从市场细分的角度，欧莱雅把女性按经济实力分层了，也就是按价值进行市场细分。类似地，瑞士斯沃琪集团也有我们想不到的奢华。斯沃琪集团不仅拥有大众手表品牌斯沃琪，还拥有英格、梅花、浪琴、天梭、劳力士、欧米茄、雷达等中高端品牌。

目标营销（Targeting）：目标市场是企业打算服务的、需求特征相似的顾客群。可用的策略主要是无差异营销策略、差异性营销策略、集中性营销策略三种。

目标营销的案例我们可以看一下虚拟运营商。阿里通信的用户主要是阿里系平台产业链上的用户，例如淘宝、天猫的交易双方，现有的旺旺用户，物流快递从业人员等。京东通信的用户主要是聚焦于京东平台的账号用户，通过平台给予特权优惠来吸引客户。蜗牛移动则发挥自己手机游戏方面的优势，主打特权牌，核心目标用户是蜗牛的会员。综上，这些虚拟运营商几乎不约而同地采用了差异性营销策略，以发挥自己最擅长的一面。

市场定位（Positioning）：强有力地塑造出本企业产品与竞争者不同的、鲜明的个性或形象，并把这种形象生动地传递给顾客，从而使该产品在市场上确定适当的位置。差异化定位是竞争的有效工具。

案例 1：全球最坚实的手机"S1 路虎"

这款手机由路虎汽车公司和英国手机商 Sonim 公司联合制造，取名 S1 路虎（图 17-1），定位于耐潮、耐摔、耐热、耐盐的军队级手机。

图 17-1　S1 路虎手机

S1 路虎手机的特性如下：

①防划痕界面；

②在 −20℃～60℃的温度中正常工作，能承受 100℃的瞬间高温；

③能承受 400 千克的冲击力；

④配有 200 万像素的防水照相机；

⑤待机时间为 1500 小时，通话时间为 18 小时；

⑥内置全球定位系统；

⑦手电功能，调频收音系统；

⑧配备了特殊扬声器；

⑨手机可以在 1 米深的水里泡 30 分钟；

⑩外观很丑，桀骜不驯。

图 17-2　帕米亚无烟香烟

案例 2：无烟香烟

1998 年下半年，美国 RJR 公司的帕米亚无烟香烟（图 17-2）在美国亚特兰大、圣路易斯、费尼克斯等城市试销。对于大多数人来说，帕米亚无烟香烟是个"新玩意"。它的一端有一个碳头和几个有趣的圆珠，香烟中的尼古丁来源于此，尼古丁被耐燃的铝纸包裹；这种烟很难点燃，一般要点三四次，原因是它不像一般香烟那样燃烧，并且不产生烟灰，吸过和没吸过在外表上无明显区别；价格比普通价格高 25%。

第二节　SWOT 模型

在战略规划报告里，SWOT 分析算是一个众所周知的工具了，同样 SWOT 也是来自麦肯锡咨询公司的。SWOT 分析代表分析企业优势（Strengths）、劣势（Weakness）、机会（Opportunity）和威胁（Threats）。因此，SWOT 分析实际上是将对企业内外部条件各方面内容进行综合和概括，进而分析组织的优劣势、面临的机会和威胁的一种方法。

SWOT 其实分为 OT 和 SW 两部分。

优劣势分析主要是着眼于企业自身的实力及其与竞争对手的比较，而机会和威胁分析将注意力放在外部环境的变化及对企业的可能影响上。在分析时，应把所有的内部因素（即优劣势）集中在一起，然后用外部的力量来对这些因素进行评估。随着经济、社会、科技等诸多方面的迅速发展，特别是世界经济全球化、一体化过程的加快，全球信息网络的建立和消费需求的多样化，企业所处的环境更为开放和动荡。这种变化几乎对所有企业都产生了深刻的影响。正因为如此，环境分析成为一种日益重要的企业职能。

环境发展趋势分为两大类：一类表示环境威胁，另一类表示环境机会。环境威胁指的是环境中一种不利的发展趋势所形成的挑战，如果不采取果断的战略行为，这种不利趋势将导致公司的竞争地位受到削弱。环境机会就是对公司行为富有吸引力的领域，在这一领域中，公司将拥有竞争优势。

当两个企业处在同一市场或者说它们都有能力向同一顾客群体提供产品和服务时，如果其中一个企业有更高的利润率或赢利潜力，那么，我们就认为该企业比对手更具有竞争优势。换句话说，所谓竞争优势是指一个企业超越其竞争对手的能力，这种能力有助于实现企业的主要目标——赢利。

竞争优势可以指消费者眼中一个企业或它的产品有别于其竞争对手的任何优越的东西，它可以是产品线的宽度、产品的大小、质量、可靠性、适用性、风格和形象以及及时的服务、热情的态度等。虽然竞争优势实际上指的是一个企业比其竞争对手有较强的综合优势，但是明确企业究竟在哪一个方面具有优势更有意义，因为只有这样，才可以扬长避短，或者以实击虚。

SWOT 分析有四种不同类型的组合：优势—机会（SO）组合、弱点—机会（WO）组合、优势—威胁（ST）组合和弱点—威胁（WT）组合。

优势—机会（SO）战略是一种发展企业内部优势与利用外部机会的战略，是一种理想的战略模式。当企业具有特定方面的优势，而外部环境又为发挥这种优势提供有利机会时，可以采取该战略。良好的产品市场前景、供应商规模扩大和竞争对手有财务危机等外部条件，配以企业市场份额提高等内在优势可成为企业收购竞争对手、扩大生产规模的有利条件。

弱点—机会（WO）战略是利用外部机会来弥补内部弱点，使企业改劣势而获取优势的战略。存在外部机会，但由于企业存在一些内部弱点而妨碍其利用机会，可采取措施先克服这些弱点。例如，若企业的弱点是原材料供应不足和生产能力不够，从成本角度看，前者会导致开工不足、生产能力闲置、单位成本上升，而加班加点会导致一些附加费用。在产品市场前景看好的前提下，企业可利用供应商扩大规模、新技术设备降价、竞争对手财务危机等机会，实现纵向整合战略，重构企业价值链，以保证原材料供应，同时可考虑购置生产线来克服生产能力不足及设备老化等缺点。通过克服这些弱点，企业可能进一步利用各种外部机会，降低成本，取得成本优势，最终赢得竞争优势。

优势—威胁（ST）战略是指企业利用自身优势，回避或减轻外部威胁所造成的影响。如竞争对手利用新技术大幅度降低成本，给企业很大成本压力；同时材料供应紧张，其价格可能上涨；消费者要求大幅度提高产品质量；企业还要支付高额环保成本等都会导致企业成本状况进一步恶化，使之在竞争中处于非常不利的地位。但是，如果企业拥有充足的现金、熟练的技术工人和较强的产品开发能力，便可利用这些优势开发新工艺，简化生产工艺过程，提高原材料利用率，从而降低材料消耗和生产成本。另外，开发新技术产品也是企业可选择的战略。新技术、新材料和新工艺的开发与应用是最具潜力的成本降低措施，同时它可提高产品质量，从而回避外部威胁影响。

弱点—威胁（WT）战略是一种旨在减少内部弱点，回避外部环境威胁的防御性技术。当企业存在内忧外患时，往往面临生存危机，降低成本也许成为改变劣势的主要措施。当企业成本状况恶化，原材料供应不足，生产能力不够，无法实现规模效益，且设备老化，使企业在成本方面难以有大作为，这时将迫使企业采取目标聚集战略或差异化战略来回避成本方面的劣势，并规避成本原因带来的威胁。

第三节　BCG 矩阵

BCG 矩阵即波士顿矩阵（BCG Matrix），又称市场增长率—相对市场份额矩阵、波士顿咨询集团法、四象限分析法、产品系列结构管理法等。

BCG 矩阵是由美国大型商业咨询公司——波士顿咨询集团（Boston Consulting Group）首创的一种规划企业产品组合的方法。问题的关键在于要解决如何使企业的产品品种及其结构适合市场需求的变化，只有这样企业的生产才有意义。同时，如何将企业有限的资源有效地分配到合理的产品结构中去，以保证企业收益，是企业在激烈竞争中能否取胜的关键。BCG 矩阵主要的应用如下：

①评价业务前景；

②评价各项业务的竞争地位；

③表明各项业务在 BCG 矩阵图上的位置：以业务在二维坐标上的坐标点为圆心画一个圆圈，圆圈的大小来表示企业每项业务的销售额。

BCG 矩阵将组织的每一个战略业务单位 SBU（Strategic Business Unit）标在一种二维的矩阵图上，从而显示出哪个 SBU 能提供高额的潜在利益，以及哪个 SBU 是组织资源的漏斗，区分出如下 4 种业务组合：

■ 问题型业务（Question Marks）是指高增长、低市场份额。

■ 明星型业务（Stars）是指高增长、高市场份额。

■ 现金牛型业务（Cash Cows）是指低增长、高市场份额。

■ 瘦狗型业务（Dogs）是指低增长、低市场份额。

④企业经营者的任务，通过四象限法的分析，掌握产品结构的现状及预测未来市场的变化，进而有效、合理地分配企业经营资源。在产品结构调整中，企业的经营者不是在产品到了"瘦狗"阶段才考虑如何撤退，而应在"现金牛"阶段时就考虑如何使产品造成的损失最小而收益最大。

第四节　波特五力分析

波特五力模型是迈克尔·波特（Michael Porter）于 20 世纪 80 年代初提出的，它认为行业中存在着决定竞争规模和程度的五种力量，这五种力量综合起来影响着产业的吸引力以及现有企业的竞争战略决策。五种力量分别为同行业内现有竞争者的竞争能力、潜在竞争者进入的能力、替代品的替代能力、供应商的讨价还价能力、购买者的讨价还价能力，从一定意义上来说隶属于外部环境分析方法中的微观分析。

波特五力模型用于竞争战略的分析，可以有效地分析客户的竞争环境。波特的五力分析法是对一个产业盈利能力和吸引力的静态断面扫描，说明的是该产业中的企业平均具有的盈利空间，所以这是一个产业形势的衡量指标，而非企业能力的衡量指标。通常，这种分析法也可用于创业能力分析，以揭示本企业在本产业或行业中具有何种盈利空间。

1. 供应商的议价能力

供方主要通过其提高投入要素价格与降低单位价值质量的能力，来影响行业中现有企业的盈利能力与产品竞争力。供方力量的强弱主要取决于他们所提供给买主的是什么投入要素。当供方所提供的投入要素其价值构成了买主产品总成本的较大比例、对买主产品生产过程非常重要或者严重影响买主产品的质量时，供方对于买主的潜在讨价还价力量就大大增强。一般来说，满足如下条件的供方集团会具有比较强大的讨价还价力量：

①供方行业为一些具有比较稳固市场地位而不受市场激烈竞争困扰的企业所控制，其产品的买主很多，以至于每一单个买主都不可能成为供方的重要客户。

②供方各企业的产品各具有一定特色，以至于买主难以转换或转换成本太高，或者很难找到可与供方企业产品相竞争的替代品。

③供方能够方便地实行前向联合或一体化，而买主难以进行后向联合或一体化。

2. 购买者的议价能力

购买者主要通过其压价与要求提供较高的产品或服务质量的能力，来影响行业中现有企业的盈利能力。其购买者议价能力影响主要有以下原因：

①购买者的总数较少，而每个购买者的购买量较大，占了卖方销售量的很大比例。

②卖方行业由大量相对来说规模较小的企业所组成。

③购买者所购买的基本上是一种标准化产品，同时向多个卖主购买产品在经济上也完全可行。

④购买者有能力实现后向一体化，而卖主不可能前向一体化。

3. 新进入者的威胁

新进入者在给行业带来新生产能力、新资源的同时，将希望在已被现有企业瓜分完毕的市场中赢得一席之地，这就有可能会与现有企业发生原材料与市场份额的竞争，最终导致行业中现有企业盈利水平降低，严重的话还有可能危及这些企业的生存。竞争性进入威胁的严重程度取决于两方面的因素，这就是进入新领域的障碍大小与预期现有企业对于进入者的反应情况。

进入障碍主要包括规模经济、产品差异、资本需要、转换成本、销售渠道开拓、政府行为与政策、不受规模支配的成本劣势、自然资源、地理环境等方面，这其中有些障碍是很难借助复制或仿造的方式来突破的。预期现有企业对进入者的反应情况，主要是采取报复行动的可能性大小，则取决于有关厂商的财力情况、报复记录、固定资产规模、行业增长速度等。总之，新企业进入一个行业的可能性大小，取决于进入者主观估计进入所能带来的潜在利益、所需花费的代价与所要承担的风险这三者的相对大小情况。

4. 替代品的威胁

两个处于同行业或不同行业中的企业，可能会由于所生产的产品是互为替代品，从而在它们之间产生相互竞争行为，这种源自于替代品的竞争会以各种形式影响行业中现有企业的竞争战略。

①现有企业产品售价以及获利潜力的提高，将由于存在着能被用户方便接受的替代品而受到限制。

②由于替代品生产者的侵入，使得现有企业必须提高产品质量，或者通过降低成本来降低售价，或者使其产品具有特色，否则其销量与利润增长的目标就有可能受挫。

③源自替代品生产者的竞争强度，受产品买主转换成本高低的影响。

总之，替代品价格越低、质量越好、用户转换成本越低，其所能产生的竞争压力就强；而这种来自替代品生产者的竞争压力的强度，可以具体通过考察替代品销售增长率、替代品厂家生产能力与盈利扩张情况来加以描述。奇货可居

5. 同业竞争者的竞争程度

大部分行业中的企业，相互之间的利益都是紧密联系在一起的，作为企业整体战略一部分的各企业竞争战略，其目标都在于使得自己的企业获得相对于竞争对手的优势，所以，在实施中就必然会产生冲突与对抗现象，这些冲突与对抗就构成了现有企业之间的竞争。现有企业之间的竞争常常表现在价格、广告、产品介绍、售后服务等方面，其竞争强度与许多因素有关。

一般来说，出现下述情况将意味着行业中现有企业之间竞争的加剧：行业进入障碍较低，势均力敌竞争对手较多，竞争参与者范围广泛；市场趋于成熟，产品需求增长缓慢；竞争者企图采用降价等手段促销；竞争者提供几乎相同的产品或服务，用户转换成本很低；一个战略行动如果取得成功，其收入相当可观；行业外部实力强大的公司在接收了行业中实力薄弱企业后，发起进攻性行动，结果使得刚被接收的企业成为市场的主要竞争者；退出障碍较高，即

退出竞争要比继续参与竞争代价更高。在这里，退出障碍主要受经济、战略、感情以及社会政治关系等方面考虑的影响，具体包括资产的专用性、退出的固定费用、战略上的相互牵制、情绪上的难以接受、政府和社会的各种限制等。

第五节　基尼系数

基尼系数是 1943 年美国经济学家阿尔伯特·赫希曼根据洛伦兹曲线所定义的判断收入分配公平程度的指标。基尼系数是比例数值，在 0 和 1 之间，是国际上用来综合考察居民内部收入分配差异状况的一个重要分析指标。

设实际收入分配曲线和收入分配绝对平等曲线之间的面积为 A，实际收入分配曲线右下方的面积为 B。并以 $A \div (A+B)$ 的商表示不平等程度。这个数值被称为基尼系数或称洛伦兹系数。如果 A 为零，基尼系数为零，表示收入分配完全平等；如果 B 为零，则系数为 1，收入分配绝对不平等。收入分配越是趋向平等，洛伦兹曲线的弧度越小，基尼系数也越小，反之，收入分配越是趋向不平等，洛伦兹曲线的弧度越大，那么基尼系数也越大。另外，可以参看帕累托指数。

国内不少学者对基尼系数的具体计算方法作了探索，提出了十多个不同的计算公式。山西农业大学经贸学院张建华先生提出了一个简便易用的公式：假定一定数量的人口按收入由低到高顺序排队，分为人数相等的 n 组，从第 1 组到第 i 组人口累计收入占全部人口总收入的比重为 W_i，则说明：该公式是利用定积分的定义将对洛伦兹曲线的积分（面积 B）分成 n 个等高梯形的面积之和得到的。

$$G = 1 - \frac{1}{n}\left(2\sum_{i=1}^{n-1} W_i + 1 \right)$$

其具体含义是指，在全部居民收入中，用于进行不平均分配的那部分收入所占的比例。基尼系数最大为 "1"，最小等于 "0"。前者表示居民之间的收入分配绝对不平均，即 100% 的收入被一个单位的人全部占有了；而后者则表示居民之间的收入分配绝对平均，即人与人之间收入完全平等，没有任何差异。但这两种情况只是在理论上的绝对化形式，在实际生活中一般不会出现。因此，基尼系数的实际数值只能介于 0~1 之间，基尼系数越小收入分配越平均，基尼系数越大收入分配越不平均。国际上通常把 0.4 作为贫富差距的警戒线，大于这一数值容易出现社会动荡。

基尼系数也可以用来衡量某种业务的不均衡程度，例如 Wi-Fi 用户的时长分布集中度和流量分布集中度。

第六节　兰彻斯特模型

兰彻斯特方程是描述交战过程中双方兵力变化关系的微分方程组。因系兰彻斯特所创，故有其名。1914 年，英国工程师兰彻斯特在英国《工程》杂志上发表的一系列论文中，首次从古代使用冷兵器进行战斗和近代运用枪炮进行战斗的不同特点出发，在一些简化假设的前提下，建立了相应的微分方程组，深刻地揭示了交战过程中双方战斗单位数（也称兵力）变化的数量关系。

第二次世界大战后，各国军事运筹学工作者根据实际作战的情况，从不同角度对兰彻斯特方程进行了研究与扩展，使兰彻斯特型方程成为军事运筹学的重要基本理论之一。有些学者也将兰彻斯特型方程称为兰彻斯特战斗理论或战斗动态理论。兰彻斯特型方程与计算机作战模拟结合以后所构成的各种形式、各种规模的作战模型，在军事决策的各有关领域中得到了广泛的应用。

兰彻斯特方程的主要形式是平方律和线性律，在市场营销中应用的具体形式如下：

射程距离的 $\sqrt{3}$（1.7 倍）法则：当两个竞争者的市场占有率之比超过 1.7 倍时，落后者将很难有效攻击领先者，市场格局发生变化的可能性小。

市场占有率的目标值如下：

独占点：市场份额超过 74% 以后，竞争者处于绝对优势地位，在市场环境和竞争规则没有大的变动时，其他竞争者几乎无法"翻盘"。

安定点：市场份额超过 42% 以后，竞争者就处于安全的地位，即便是第二位，也能与领先者相对和平共处进入双寡头垄断。

立足点：领先者份额超过 26% 才有可能脱颖而出，弱势者份额如果超过 26% 基本可以避免被淘汰出局。

基于兰彻斯特法则的市场竞争格局分类如表 17-1 所示。

表 17-1　市场结构分类

结构分类	分类标准
完全垄断	第一名份额超过 74%
优势垄断	第一名份额超过 42%，且大于第二名的 1.7 倍
双头垄断	前两名份额超过 74%，两者的差距在 1.7 倍以内
多头垄断	前三名份额超过 74%，三者的差距在 1.7 倍以内
分散竞争	第一名低于 26%，企业间差距在 1.7 倍以内

第十八章

方法论：不是仅靠经验

　　电信业营销的重心是套餐，没有套餐就没有运营商的过去、现在和未来。套餐的设计，尤其是全国性的主流套餐，必须遵循一定的方法论才能设计得合理，既让客户接受，又能有效地参与市场竞争，获得较好的经济效益。在学习本章之前，大多数读者很可能以为运营商的套餐都是拍脑袋想出来的。其实不然，套餐设计也是科学和艺术的结合，需要遵循一定的方法论。接下来我们要学习的这套方法论，包括市场分析、套餐设计、营销准备、后评估和套餐优化五个部分。

第一节　概　　论

　　套餐是指对单个或多个产品进行资费差异化以及捆绑、组合或融合设计后，以一个整体提供给既定目标客户群的营销方案。套餐设计的核心是确定定价模式和优惠规则，它改变了产品的标准资费（计费项目、计费单元和计费标准），且需以协议方式与客户明确约定使用期限。

　　套餐相比单产品的资费具有以下三个主要特点：

　　（1）资费隐蔽性。套餐的结构比较复杂。对于竞争对手和用户来说，要理解套餐资费并直接对比比较难，存在一定的隐蔽性，从而在价格竞争上显得不那么直接。

（2）满足需求多样性。客户千差万别，对通信的需求、价格承受能力、使用方式和习惯等方面存在明显的差异，通过不同档次的资费套餐，可以满足用户的不同偏好，从而提高满意度。

（3）不易模仿性。套餐的设计是根据运营商的营销战略、用户结构、产品特性、赢利目标等综合因素来考虑设计的，不同运营商的情况不同，所以不易模仿。

按管理级别和管理颗粒度两个维度分析，套餐的管理方式有如下四种：

①集团实例级管理：集团管理到套餐实例，省公司不对套餐进行任何修改，只负责销售。

②集团框架级管理：集团管理套餐框架，省公司管理套餐的实例。

③省公司实例级管理：省公司管理套餐实例，地市分公司不对套餐进行任何修改，只负责销售。

④省公司框架级管理：省公司管理套餐框架，地市分公司管理套餐的实例。

实例级的意思是，从框架到参数都定死，在指定的范围内销售，不能做任何修改，不论是折扣还是其他优惠。框架级的意思则是总体的框架、包含的业务内容品类和档次是确定的，但针对具体参数，主要是价格分档还有优惠力度不做非常具体的要求，而是设置一个区间实行上下限区间管理。

如图 18-1 所示是套餐设计与优化总体框架，主要包括市场分析、套

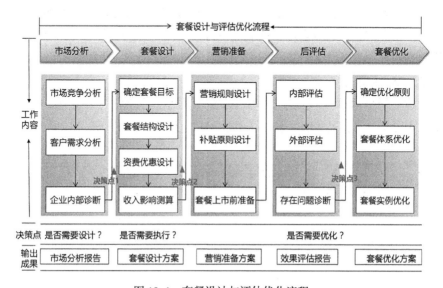

图 18-1　套餐设计与评估优化流程

餐设计、营销准备、后评估和套餐优化五个部分，本章其他小节将单独
阐述。

第二节 市场分析

市场分析流程三步法包括市场环境分析、客户需求挖掘和企业内部诊断。

1. 市场环境分析

市场环境分析又分为两步，第一是跟踪竞争者策略，包括资费策略、渠道
策略、促销策略等，第二是竞争对手套餐体系对比。

市场环境分析首先要建立情报渠道，跟踪竞争者战略。内部渠道主要是内
部数据分析，如过网话单分析，可以得出竞争对手的新用户获取情况、话务量
走势等等。外部渠道首先是第三方市场调研/分析报告/行业数据，可以获取
竞争对手客户分类/数量/话费收入、客户满意度、资费种类、市场策略、销
售渠道、市场份额变化、客户规模、ARPU 等。其次可以拨打竞争对手的客
服电话，去营业厅、代理商处办理业务，收集宣传单页、易拉宝、横幅、电子
渠道广告等信息，获取客户对竞争对手满意度、客户的话费支出、促销方案、
资费策略等。还可以组织客户经理/渠道访谈，获得大客户信息/类别/资费、
渠道策略、终端策略等。

建立情报体系后，要进行套餐体系对比分析。例如，中国移动、中国联
通、中国电信某省的主流套餐体系如图 18-2、图 18-3、图 18-4 所示。

图 18-2 中国移动主流套餐体系（某省）

图 18-3　中国联通主流套餐体系（某省）

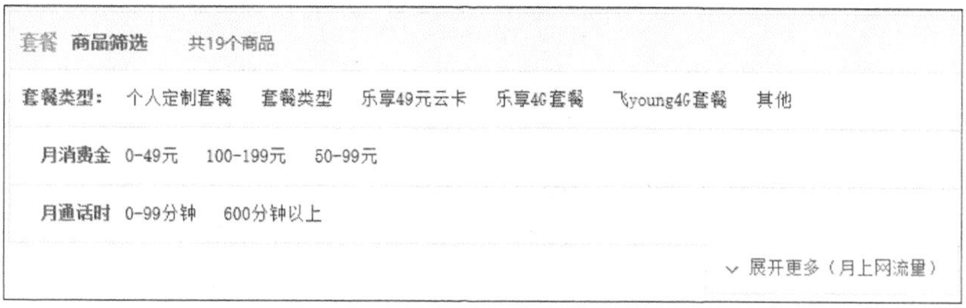

图 18-4　中国电信主流套餐体系（某省）

接下来是资费模式及水平对比分析。资费模式对比的分析维度有：是按量计费还是包期，是按流量还是按时长，是包时长还是包话费，套内外资费是否统一，分档梯次如何设置。资费水平对比的维度包括：月使用费 – 入网门槛对比，套内单价 – 适用于包话费模式，套外单价 – 适用于包时长模式，综合折扣率 – 套餐整体优惠比例，附加优惠 – 存费送费 / 送礼等。

2. 客户需求挖掘

界定目标客户群，客户消费行为分析（内部）以及客户潜在需求分析（外部）。

第一步是界定目标客户群，如图 18-5 所示。

第二步是通过内部数据挖掘分析客户需求特征，如图 18-6 所示。

最后是通过外部市场调研进行客户需求分析。提出基本假设，如地域选择，选哪些省市进行调研；客户选择，选择哪些客户群 – 产品组合 –ARPU–运营商等。问卷调研 CLT，是什么 / 怎么样？定量分析客户购买行为 / 动机 / 体验 / 心理诉求？大样本量的结构化问卷，调研城市选择，调研样本选择。客户座谈会 FG，为什么 / 为什么不？定性分析客户购买、使用、转换的行为背后的心理动机和诉求，发现潜在需求、不满意地方、验证营销思路。需求挖

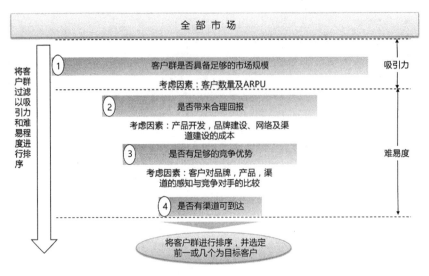

图 18-5　目标客户群筛选

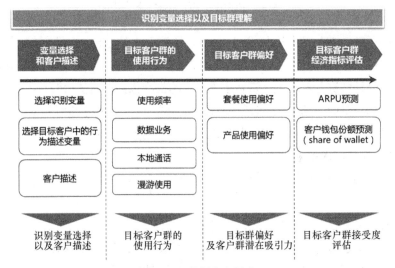

图 18-6　分析客户需求

掘，市场细分群理解，细分市场客户数比例；客户群描述（人群社会属性、购买使用行为、体验、感知）；心理诉求。关键发现，目标市场容量和发展潜力，目标客户群产品需求偏好，目标市场的 SWOT 分析结果，潜在需求和不满意的地方，有待改善和优化的方面。

3. 企业内部诊断

自身套餐体系梳理，套餐卖点分析，套餐目标客户分析，套餐实例内容特点对比。

建立套餐体系的周期性梳理的机制，每半年左右集中梳理一次套餐体系：同一客户群的套餐是否卖点突出区隔明显，是否存在交叉覆盖和套餐冲突问题；哪些套餐面临严峻的竞争对手挑战；优惠梯度是否合理，高价值及融合套餐提供更高的优惠；是否有空白市场尚未覆盖；不同客户群套餐间的体系平衡。

"是否需要设计新套餐"由五个主要因素决定：公司营销策略的要求，客户需求的程度，新业务推广的需要，预计市场空间的大小，竞争对手资费策略影响。

第三节　套餐设计

本节的内容是整个方法论的核心部分。

套餐设计的起点是确定套餐推出目的并将其量化。套餐推出目的无非以下四个：

①挖掘增量客户，需要做人口统计分析，即人口统计特征和消费行为结合进行市场细分。

②保有存量客户，进行客户流失分析，通过内部数据挖掘等方式确定流失客户的主要特征，将其作为主要目标客户进行挽留。

③发展新业务，进行潜在需求分析，通过对客户的潜在需求的分析，将具有潜在需求的客户确定为目标客户。

④应对竞争，进行竞争影响分析，通过对竞争对手的套餐进行分析，明确受影响的主要客户群体，确定目标客户。

套餐结构设计的第一步是设计套餐框架，选择套餐内包含的产品，如表18-1所示。

表 18-1 设计套餐框架

序号	设计内容	关键点	操作方法
1	接入产品	目标客户群拥有的接入终端类型	分析目标客户群拥有的主要通信终端，进行适度的捆绑
2	语音业务	目标客户群语音消费特征	分析目标客户群的话务分布，确定是否包含语音业务，如话务量较多，则要包含一定的语音时长或话费
3	数据业务	目标客户群数据消费特征	分析目标客户群的数据消费量分布，确定是否包含数据业务，如上网流量较大，则应包含一定的数据流量或时长
4	增值业务	目标客户群增值业务渗透率	分析目标客户群主要使用的增值业务，渗透率较高的增值业务可以考虑放入套餐或作为主推可选包
5	可选包	目标客户群偏好的补充业务	分析目标客户群内面向部分客户的营销机会，如针对性设计长途可选包、国际漫游包、绿色上网包等

套餐结构设计的第二步是按照卡诺（KANO）模型确定套餐基础包与可选包的业务。

所谓卡诺模型，是指相对功能和顾客满意而言，一般有三种主要的产品属性，第一种是必须具有的基本功能，如图 18-7 中的红线；第二种是一维质量，

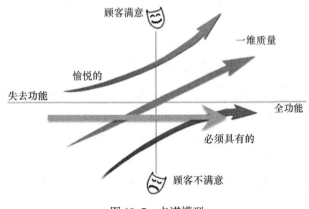

图 18-7 卡诺模型

如图 18-7 中的蓝线（上面第二条），代表产品的核心功能；第三种是产生愉悦的，如图 18-7 中的绿线（上面第一条）。任何一款产品，如果没有基本功能则无法销售，有一维度功能才能产生规模，而让人愉悦的功能则可能成为爆款。

对目标客户所使用业务进行数据分析，按照客户需求强度及套餐设计目的将业务划分为四类：

■ 必须包含（门票业务）：产品可以让客户不满意但不会增加满意度，如果没有此业务，顾客可能不买或是不用它。

■ 一维质量（驱动业务）：这种产品越多，顾客越满意，是决定顾客购买与否的重要因素。

■ 愉悦（惊喜业务）：如果没有这种产品，不会引起客户不满意；但是如果有这种产品，将会引起客户愉悦。

■ 无关紧要的：当这种产品有或没有，客户都不关心。

套餐结构设计的第三步是客户分档。在产品包组合确定后，按客户需求分档，再按客户消费水平二次分档。需求分档是根据目标客户核心需求及其差异性进行套餐一次分档，这种差异性主要体现在核心产品参数的差异，如宽带速率；消费分档是根据目标客户消费水平及其差异性进行套餐二次分档，如每月消费多少手机上网流量。另外，原则上融合套餐档次的确定需要参考所含单产品套餐的档次设计，以原单产品分档的相互组合为基础。

套餐结构设计结束后，接下来进行套餐资费设计。

首先是套餐门槛设计，即明确目标客户定位。套餐门槛是指套餐最低档月使用费。通过套餐门槛可以明确目标客户定位，ARPU 值低于套餐门槛的客户即非套餐目标客户。

一般地，确定套餐门槛时要注意以下几点。套餐门槛要参考竞争对手相应套餐，竞争性套餐可低于竞争对手对应套餐门槛，建议最低不超过 20%。考虑整个套餐体系的合理性，套餐门槛应当形成区隔。高价值套餐门槛高于低价值套餐，融合套餐门槛高于相应单个产品套餐。预付费套餐门槛低于后付费套餐。套餐门槛考虑目标客户价值，针对中高端客户门槛较高，针对低端客户较低。套餐门槛考虑当地消费水平，消费水平较低地区可适当低于较高地区。

接下来是确定套餐各档的资费。资费的设定比较复杂，有七个步骤。

①提取客户分析数据。

提取目标客户套餐内各业务的消费数据。根据分档数量要求，确定各档相应的分位点。融合套餐需要分析各产品基础业务量，综合测算确定各档分位点。

如何确定各档分位数？客户分 2 档，通常比例为（低→高）：80%/20% 或 70%/30%。客户分 3 档，通常比例为（低→高）：50%/30%/20%。客户分 4 档，通常比例为（低→高）：40%/30%/20%/10%；或 35%/30%/25%/10%。

以分 4 个档次为例：以业务量从小到大，对用户进行排序；计算用户数累积占比数据，处于 40%、70%、90% 处的业务量即为四档的三个分位数；通过这三个分位数，分出四档业务量。

②确定基础业务量。

第一档的业务量取值区间：［0 到第一分位数之间业务量平均值，第一分位数］；第二档的业务量取值区间：［第一分位数到第二分位数之间业务量平均值，第一分位数］；以此类推……最后一档的业务量取值：大于最后一个分位数业务量的平均值。融合套餐业务量比同类型单产品套餐同档次业务多 10%。

对分析数据进行处理的三种方式：保守处理是选择各档最低值附近，平稳处理是选择各档平均值附近，激进处理则是选择各档最高值附近。

③确定基础业务资费（图 18-8）。

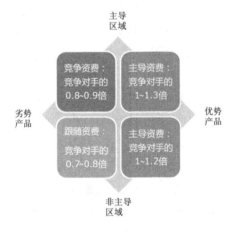

图 18-8　确定基础业务资费

套餐外因素：竞争环境，套餐基础业务平均单价不高于竞争对手同类套餐平均单价。套餐体系，品牌套餐资费低于同档非品牌套餐；融合套餐资费不高于相应单产品套餐。

套餐内因素：资费水平，套餐基础业务资费普遍低于标准资费（最低档可接近标准资费）；档次关系，各档资费呈阶梯递减，档次越高资费越低。

④确定增值业务资费。

参考增值业务标准资费，优惠后确定套餐内增值业务最终资费。可采取业务费用打包模式，确定数量后具体增值业务由客户自选。选择业务数量越多越优惠，增值业务包费用越高越优惠。

⑤确定超出部分资费。

套餐超出部分资费可统一定价，也可各档差别定价，但最多不超过 2 档。超出部分资费应介于"套内资费，标准资费"之间，但考虑竞争因素，套外资费可以低于套内资费。融合套餐超出部分资费低于单产品套餐，优惠幅度建议不超过 20%。超出部分资费与竞争对手相应套餐超出资费相当。

⑥计算月使用费初值。

将各语音业务、数据业务与包含增值业务价格相加，确定套餐各档的月基本费用初值。

$$F = r \times \left(\sum_i S_i \times P_i + \sum_i D_j + \sum_i V_k \right)$$

S_i：套餐内基础语音业务量；

P_i：套餐基础语音业务单价；

D_j：数据业务价格（含宽带、手机上网、WLAN）；

V_k：增值业务价格；

r：优惠系数 [0.8，1]。

⑦调整相关参数。

根据尾数定价原则对月使用费进行调整，如联通大多为 6，移动大多为 8，电信大多为 9。根据档次差距要求，对套餐内业务量进行微调，使用月使用费形成有效区隔。与竞争对手相应套餐进行对比，适当调整月使用费高低，形成有效竞争力。

客户心理定价法如表 18-2 所示。

表 18-2　客户心理定价法

客户心理定价法		
定价方式	具体说明	案例
尾数定价	又称零头定价，定价时有意与整数保持一定差额，通常表现为 0.99、9.95 等奇数结尾，能给人精确定价、便宜优惠的感觉。 在我国，由于数字 8 与"发"谐音，8 字结尾的定价也很受欢迎；类似的还有 6	经验值：5 元以下末位为 9；百元以上末位 98、99 最受欢迎
整数定价	即按整数而非尾数定价。整数定价针对的是消费者求名、求方便的心理，会抬高商品的价值，百货商店对名牌商品经常如此	
声望定价	声望定价是整数定价的进一步发展，源于消费者追求名望的心理。对有声望的商品定价高于市场同类商品，顾客会有"一分钱一分货"的感觉，会对商品或商家形成信任感和安全感，顾客也从中得到荣誉感	Windows 98 中文版进入中国，定价 1 998 元
招徕定价	又称特价商品定价，利用消费者的求廉心理，有意将少数商品大幅降价、吸引消费者注意，意在激发消费者的连带购买	1 元购机
撇脂定价	在新产品投放期，利用消费者的"求新""猎奇"心理，高价投入商品，以期迅速收回成本，获得利润，以后再根据市场销售情况逐渐适当降价	iPhone
分级分价	把不同品牌、规格及型号的同一类商品划分为若干个等级，对每个等级的商品制定一种价格，而不是一物一价。这种定价方法简化了购买过程，便于消费者挑选	分档包月套餐
习惯性定价	某些种类的商品价格在消费者心理上已经定格，成为一种习惯。这类价格不宜随便改变，容易引起顾客的反感	5 元左右的增值业务
最小单位定价	把同种商品按不同规格包装，以最小包装单位量制定基数价格，利用了消费者的心理错觉。一般情况下，包装越小实际单价越高，但能满足消费者在不同场合下的不同需要	

套餐已经初步设计完毕，接下来要进行收入影响测算。

收入影响测算是在营销策划阶段，套餐方案尚未投入市场前，对方案的可行性和合理性进行评估，主要是判断套餐上市后对运营商整体收入产生的影响以及客户对套餐的反应和响应率等。最终目的就是平衡企业利益和客户效用，找到一个最佳的或者可接受的定价组合，使企业和客户达到双赢。

■ 提取客户测算数据，从 CRM 和计费系统中提取客户历史账务数据用于测算。为保证收入影响测算的准确性，套餐的收入测算主要基于客户的历史账务数据。从 CRM 和计费系统中提取套餐目标客户群的相关业务数据。根据客户群的数量及预评估系统的计算能力，决定是用全部的客户数据进行测算还是对客户进行随机抽样（随机抽样应保证抽样后的客户群规模及系统误差要求）

■ 预测客户接受度，通过数据分析或小规模市场测试预估客户对套餐的接受度。客户接受套餐的基本假设：客户的消费行为保持不变，并且消费信息完全对称，客户是理性选择；客户选择套餐的核心因素是资费优惠，即如果客户加入套餐后的通信费用比加入之前要少，则认为客户会选择套餐。针对套餐的目标客户，对客户的新老套餐进行批价，从而确定客户接受度。

■ 预测套餐收入，选择合适的收入测算方法计算套餐收入变化率。

静态收入测算的基本假设：现有客户的消费行为不变（没有话务激发，也没有拉动新入网客户）假设前提下计算套餐推出前后的收入变化率。这是一种收入损失最大的最悲观结果。

条件 1：只有享受优惠的客户才会加入套餐，如果客户加入套餐后的通信费用比加入之前要少，就假设客户会选择套餐。

条件 2：假设在所有目标客户都会加入套餐、所有客户都选的情况下，有些客户的支出会增加，有些减少。

条件 3：所有客户中只有一定比例的客户加入套餐，将客户按套餐中的关键业务分段，对不同段的客户设定一定百分比的接受度。

动态收入测算的基本假设：目标客户接受套餐后的消费行为是会变化的。在目标客户中，加入套餐的客户话务会得到激发；并且套餐能够拉动新增客户（异网客户）入网，产生增量收入。动态测算如表 18-3 所示。

表 18-3 动态测算

动态测算	说明	测算效果
话务弹性测算	假设套餐对客户具有话务激发的作用，因此客户选择套餐后的话务量应为原话务量乘以激发系数，进而计算得出套餐收入	计算结果更加贴近现实；但弹性系数的确定较为困难，如果估计不准确测算结果会误差很大
错选假设测算	假设客户不是完全理性，在选择套餐是必然出现降档、升档的情况	客户选择情况完全依据实际的外呼测试结果，因此更为准确；但该方法需要市场测试后才能进行，因此无法为初始的套餐方案进行评估

方法 1：利用历史经验预估，优点是执行比较简单，周期短；缺点是对客户行为的判断会有一定的偏差，尤其是模式比较新的资费套餐设计。这种方法适用于对现有资费模式的资费套餐设计，建议应用于较小的，竞争反应的时间较短的资费套餐设计。

方法 2：利用调查／试用来预估，优点是对客户的行为判断比较准确；缺点是执行比较复杂，周期长。这种方法适用于所有的资费套餐，建议应用于主动出击或对客户影响较大的资费套餐设计中。

■ 套餐参数调优，根据收入变化率对可调整的套餐参数进行反复调优。套餐参数应涵盖与套餐业务有关的所有可变的定价要素，通过调整定价要素的参数设置套餐参数。根据客户接受度与收入影响测算结果，调整套餐参数设置。如：若客户接受度较低，应适当降低资费水平；若收入影响较大，应适当提高资费水平。根据调整后的套餐参数，重新测算客户接受度与收入影响程度，直至满意为止。

■ 评估最优方案，根据测算结果和营销活动目标确定最终的套餐方案。

收入影响测算能够给出套餐客户接受程度和收入影响的量化评估结果，根据评估结果往往能够获得多个可行的套餐定价方案，这时应根据套餐设计的主要目标，确定最终的套餐方案。如表 18-4 所示，若套餐设计以保存量为目标，则应选择方案一；若套餐设计以发展客户为主要目的，则应选择方案三；若综合考虑企业内外部的影响因素，则方案二更为合理。

表 18-4　评估最优方案

评估结果	方案一	方案二	方案三
优惠幅度	85%	80%	73%
客户接受率	25%	34%	45%
收入变化率	−1%	−5%	−12%

■ 市场测试评估，通过市场调研、方案试点等方法对确定的方案进行上市前测试和优化。通过市场调研、方案试点等方法对确定的最优方案进行上市前测试，评测目标客户对套餐的实际接受度，同时根据客户对套餐档的选择，优化收入测评方法，调整收入评估预期，并分析客户不接受套餐的主要原因，对套餐方案进行微调。根据市场测试，获得客户实际接受度和套餐方案各档选择数据。据此重新预测收入变化情况，以方案设计的主要目标为依据，最终确定最优方案的优化与选择。

收入影响测算的结果经过了审批决策，开始进行实施前的评估，为营销准备奠定基础。

实施前评估，方案实施前还应评估套餐网间结算风险和政策风险。政策风险主要指套餐中的产品价格是否违反了相关资费管制的规定，使得该套餐推出后容易被通信资费管制部门"封杀"。结算风险包括和其他运营商的网间结算风险和 CP/SP 结算风险。风险规避如图 18-9 所示。

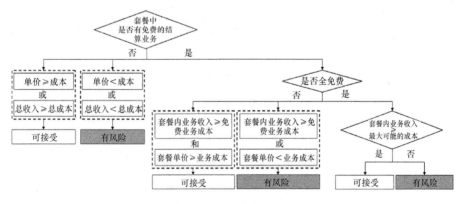

图 18-9　风险规避

第四节　营销准备

在营销之前要做好充分的准备，接下来介绍一下具体的准备工作细节。
首先是营销规则设计，如表 18-5 所示。

表 18-5　营销规则设计

营销规则		处理办法
1. 套餐订购处理规则	①套餐开放对象	通常为新客户和未享受优惠和补贴政策的老客户 在保证老客户价值提升的前提下，享受补贴或优惠未到期的老客户变更套餐条件可适当放宽
	②套餐协议期限	原则上要为套餐设定协议期，不能为无限期使用，协议期通常为 2 年
	③套餐生效时间	通常为申请次月 1 日生效
	④套餐过渡期资费	如果套餐包含的各产品能够即时开通，则套餐过渡期资费尽量采取按日折算方式；否则，采取为套餐各产品设定过渡期单价，按量计费方式收取
2. 套餐变更处理规则		新套餐次月 1 日生效，申请当月按照原套餐计费，新套餐生效后按照新套餐计费
3. 套餐退订处理规则		退订套餐次月 1 日生效。退订当月仍按原套餐资费计费
4. 套餐续订处理规则		套餐协议期到期后，客户续订，按照续订后的套餐处理；客户未续订，则到期次月按照同档套餐的包月资费收取

其次是补贴原则设计。一般原则包括：补贴额度要与可控的用户收入贡献
挂钩；补贴比例向中档客户倾斜（ARPU 在 80～150 元之间）；主要针对中高

端 3 G 客户进行终端补贴，抵用券超过 500 元的只能购买 4 G 手机，低于 500 元的也应引导购买 4 G 手机，杜绝对超低端进行终端补贴。

除了以上两个原则设计，还有如下几项需要落实的具体工作。

（1）确定促销方案：根据促销目的进行促销方案创意并形成促销方案。促销方案一般包括促销目的与主题、促销目标客户、促销形式、促销时间、促销政策、效果预估等内容，如表 18-6 所示。

表 18-6　确定促销方案

促销因素	要点
1. 促销目的与主题	促销要以扩大客户规模、培养客户对新产品的使用习惯以及回馈客户，培养忠诚度为目的
2. 促销目标客户	通常为办理新套餐客户
3. 促销形式	通常为实物赠送、免费试用、套餐打折、话费赠送、终端补贴等
4. 促销时间	通常为 2~6 个月
5. 促销政策	重视对促销政策的优惠幅度和补贴比例进行测算，适当调节受惠范围和促销时限，避免对收入产生较大影响
6. 效果预估	预测这次活动会达到什么样的效果，以利于活动结束后与实际情况进行比较，从刺激程度、促销时机、促销媒介等各方面总结成功点和失败点

（2）渠道选择：根据目标客户的不同特征及对应的营销策略特点选择不同的营销渠道，运用不同的营销渠道组合，确定不同渠道的执行优先顺序，实现各渠道间的有效分工，提高后续营销执行效率。

确定主推渠道的原则如下：

到达原则：成本一定的情况下最大地覆盖所有目标客户。

区隔原则：利用渠道区隔目标客户群。

依据以上原则，从"信息准备表"中提取客户选择购买渠道的偏好，分析不同渠道的特点，选择满足套餐、目标客户特征的渠道作为主推渠道。

（3）确定宣传方案：从营销活动的目标出发，根据目标客户群的分布和渠道偏好，结合各种宣传媒介的特点，依据活动实施计划，选择最合适的媒体组合，设计广告与宣传材料并制定投放计划，以便实现对目标受众的精确定位、有效传播。

选择主推媒体的原则如下：

到达原则：在成本一定的情况下最大地覆盖所有目标客户。

区隔原则：利用媒体区隔目标客户群。

从"信息准备表"中提取客户选择媒体的偏好，分析不同媒体的特点，选择满足套餐、目标客户特征的媒体作为主推媒体。

（4）编写营销指引及脚本：根据套餐方案、渠道流程方案、促销方案、宣传方案以及目标客户群特征刻画报告，分渠道设计营销指引及脚本。

设计套餐销售指引，针对不同的客户群，推荐相适应的套餐及档次。编写套餐营销脚本，让销售人员掌握套餐的特征、价值和卖点，提升套餐销售技巧。

（5）IT 支撑及销售品配置：根据销售品目录位置及视图，在系统中新建销售品，并进行相关的产品和资费配置；根据套餐方案、活动实施计划、渠道流程方案和促销方案，确定所需的支撑系统和支撑要求，并与支撑系统管理人员进行确认，满足前端营销要求。

销售品配置，根据销售品目录位置及视图，在系统中新建销售品，并进行相关的产品和资费配置；IT 流程穿越，对套餐受理、安装开通、计费结算、退订等环节进行系统穿越测试，确保各流程畅通。

第五节　后评估

如图 18-10 所示为套餐后评估方法及步骤，主要分为内部评估和外部评估两部分。

内部评估包括如下几个方面：

■ 评估数据提取。从 CRM 和计费系统中提取用户历史账务数据，选择有代表性的地市分公司，至少以近 3 个月的历史数据进行全样本统计。

图 18-10　后评估方法及步骤

■ 用户发展分析。就套餐的总体用户数、新增用户数、总收入、客户价值（ARPU）、用户来源、档次分布等内容进行分析，掌握套餐规模、结构的发展情况，以及与预期目标之间的差异。

■ 消费行为分析。就套餐内各类型、档次的用户对各套餐业务的使用时长、频次、流量、等内容及其变化趋势进行分析，掌握用户的消费行为特征。

■ 匹配度分析。就套餐的实际用户结构、用户消费特征与套餐设计时的目标进行对比，从而分析套餐所发展的用户是否与目标用户相匹配。套餐匹配分析：套餐实际客户与目标客户的匹配程度。消费匹配分析：套餐客户实际消费量与套餐包含时长的匹配。

■ 拍照对比分析。锁定一批套餐用户，就其在不同时期的套餐业务使用量、ARPU、流量等变化进行对比，分析套餐用户的行为变化。纵向对比分析：同一客户群不同时期对比分析，如加入套餐前、后的对比。横向对比分析：不同客户群同一时间的对比，如拍照套餐用户与随机选择的非套餐客户的对比。

外部评估包括如下几个方面：

■ 确定调研方案。调研方案确定分为两步，第一步是明确调研问题。评估套餐的接受度：套餐市场占有率及用户使用情况调研。评估套餐的满意度：调研套餐的价格、结构、推广等方面满意度，发掘用户对套餐的改进意见及潜在需求。

第二步是确定调研方法。接受度调研：宜采用定量调研方式，可选择电话、拦访、入户、网上等执行方式。满意度调研：宜采用定性定量相结合的方式，可选择深访、小组座谈、用户跟踪研究等执行方式。

调研时间要求：试点期应在试点 3 个月（或用户规模达到预期的时候）左右进行 1 次评估调研，正式上市后应定期（半年或者 1 年）进行 1 次评估调研

样本及配额要求：定量调研要确定整体样本量，以及样本量在不同地域、不同细分市场、不同价值段客户的配额要求，保证各细分群体样本量不低于 40。定性调研要确定座谈会场次等，并结合调研目标确定被调研对象的条件（如职业、业务使用情况等）。

■ 设计调研问卷。应充分依据现有的资料和信息，再根据既定目标的要求，设计针对性强的调研问卷。市场调查几乎都是抽样调查，抽样调查最核心的问题是抽样对象的选取和问卷的设计。问卷设计完成后需要和主管方充分沟通，持续优化。

问卷设计十大原则如下：

①遵循研究假设；

②结构化（以客户能够接受的标准对问题进行分类）；

③ MECE（备选答案相互排斥，完全穷尽）；

④单一性（不要一个题目问多个问题）；

⑤不要将需要分析得出结论的问题直接作为问卷内容；

⑥逻辑一致；

⑦删除专有名词；

⑧敏感问题后置；

⑨逻辑顺序；

⑩问题简洁；

问卷设计要点：接受度的问卷要点包括用户的业务开通情况、用户对套餐内各个业务的使用情况、用户的特征信息（和套餐设计时的目标客户特征相对应）等；满意度的问卷要点包括价格接受度、套餐结构的满意度、对套餐所包含业务的满意度和使用活跃度、对套餐的改进意见、对竞争对手套餐的评价等。

■ 调研执行。首先试访，及时根据试访结果调整方案和问卷。然后约访，

把关约访配额质量，避免执行公司敷衍了事。最后访谈执行，确保访谈执行的质量，被访者能理解问卷的问题并给出正确回答。

项目组需要及时跟踪，监控调研执行，协调解决执行中可能出现的约访困难等问题。项目组应该参加一定比例的访谈过程，丰富一手信息，把握调研质量。执行完成后注意索取执行过程文件，包括最终问卷、原始数据文件、录音录像和文字材料等。

■ 调研结果分析。设计报告提纲：基于调研目标，确定调研分析报告的提纲结构，需要得出的主要结论和调研信息支撑方式。结果分析：定量调研的数据录入、清洗和统计分析、关联分析等，定性调研的文字整理、语义分析等。分析报告撰写：将调研信息和数据代入分析报告提纲，得出调研结论，并对套餐优化提出建议。分析报告展现：调研结果分析的重点不是展示调研信息和数据，而是通过调研解决套餐评估和优化所关心的问题。

评估问题诊断总结如表 18-7 所示。

表 18-7　评估问题诊断

评估大类	二级分类	三级分类
内部评估	用户发展分析	用户规模未达到预期
		收入规模未达到预期
		用户档次分布不符合预期
		用户来源分布不符合预期
	消费行为分析	用户通信习惯与套餐预期不符
		未有效激发客户使用
	匹配度分析	套餐客户纯度不高，未有效区隔客户
		客户消费不足
	拍照对比分析	用户 ARPU 偏低
		业务激活率、使用率偏低
外部评估	套餐接受度调研	套餐未能有效提升用户价值
		套餐未能有效提升用户黏性
	套餐满意度调研	套餐价格缺乏吸引力或竞争力
		套餐结构和业务缺乏吸引力或竞争力

第六节　套餐优化

套餐优化首先要遵循如下原则：

■ 竞争有卖点：降低客户关注的套餐资费印象价格，与竞争对手资费保持适当差距。

■ 客户可感知：站在客户的角度设计套餐，目标客户要明确，套餐力求简单、自动区隔。

■ 后台易实现：套餐资费模式设计尽可能简化，减小后台系统压力，缩短 IT 支撑及系统改造周期。

■ 企业有效益：避免套餐和补贴政策过渡优惠、过渡让渡价值，确保客户得实惠，企业增效益，实现双赢。

套餐体系优化五步法具体如下：

（1）清理低效套餐：针对全部套餐进行第一次筛选，清理低效套餐和高风险套餐。

第一步是整理存量套餐，按照套餐分析中的模板整理存量套餐。

第二步是客户数筛选，清理客户数在一定阈值以下的套餐。

第三步是套餐收入筛选，清理收入规模在一定阈值以下的套餐。

第四步是风险筛选，清理可能存在政策风险或者结算风险的高风险套餐。

第五步是完成套餐初选，将经过上述清理后的套餐作为可用套餐。

清理套餐列表如表 18-8 所示。

表 18-8　清理套餐列表

套餐 ID	套餐名称	客户属性	产品构成	基础业务	目标客户群	定价模式	套餐级别	套餐失效日期
1								
2								
3								
...								

这种低效套餐清理通常每年进行一次，根据各地具体情况（经济水平、客户规模、销售品数量等），可以确定不同的筛选阈值。

（2）进行套餐归类：根据套餐的标签产品、基础包产品和资费特征对套餐进行归类，使每类套餐之间形成区隔。

根据客户属性、产品构成、基础业务、目标客户群、定价模式、套餐级别等维度进行归类，对地市分公司现有套餐进行梳理，类的数量可根据整体客户规模确定，越大的客户群类别可以越详细。

（3）确定主推套餐：根据套餐的客户规模和发展潜力，分别对每类星套餐进行第二次筛选，确定主推套餐。

先对每类套餐根据客户价值做分层处理，再在每一层上根据用户数、新发展用户数、用户离网率、出账收入、MOU、ARPM 等指标综合分析，选择一个主推套餐。同类不同层次的主推套餐选择，要尽量考虑结构的一致性，如图 18-11 所示。

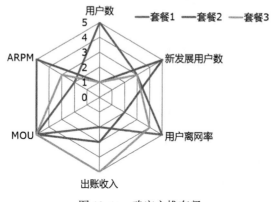

图 18-11　确定主推套餐

（4）完善套餐体系：将主推套餐和目标市场进行对比，保证套餐体系可以覆盖全部市场。

如果有部分市场没有覆盖，则检查在第一个环节中被清理的套餐，如果其中有相应的套餐，则可将其重新纳入套餐体系；如果没有相应的套餐，则重新设计套餐。套餐体系梳理如图 18-12 所示。

（5）处理多余套餐：对低效套餐、高风险套餐和非主推套餐进行处理。

低效和高风险套餐要及时尽早处理：停止在各类渠道办理，设定尽早的套

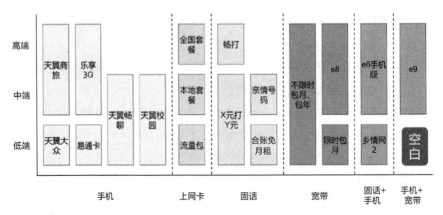

图 18-12　套餐体系梳理

餐关闭期限，对存量客户进行迁移。其他非主推套餐可逐步升级替代：不主动营销，引导客户迁移，逐步设定套餐截止日期。

经过了以上的体系优化后，剩下的套餐可以进行实例优化。

实例优化主要包括以下几点：

①优化展现形式。

统一套餐卖点：每个套餐突出 2～3 个核心卖点。

减少套餐档位：地市分公司每个套餐的档次不超过 4 档。

简化套餐资费：尽量简化套餐各档资费，统一套餐内赠送的增值业务和手机上网流量；套外资费尽量不再分档（最多分 2 档），尽量统一套内外资费，防止套内外资费差价过大；主推可选包不超过 3 个。

②优化资费模式。

根据客户调研结果和竞争对手的品牌套餐分析，调整套餐资费模式，以求达到最好的客户感知；套餐资费模式主要分为三种方式：包时长型、包单价型、包话费型。

③优化增值产品填充。

客户自选方式（自选超市）：套内提供一定额度增值业务费用，由用户自选增值业务组合。必选方式：应建立增值业务进出套餐机制，对于客户接受度、激活率高，符合战略导向的成长型业务优先选入套餐内。

④优化套餐参数设置。

根据客户感知调整套餐参数。通过市场调研，分析客户对套餐资费设计的偏好，重点针对客户的不满之处进行调整。如：客户认为套餐门槛过高，可适当调低套餐门槛。

根据竞争分析调整套餐参数。对比分析竞争对手同档套餐包含的资费单价、通话时长、话费、上网流量、增值业务等情况，相应调整套餐参数，始终保持品牌套餐的资费竞争力。

根据数据测算调整套餐参数。客户消费行为随时间推移、业务推广和使用习惯的改变可能会发生变化，重新按照套餐设计的相关步骤进行数据测算，并对部分参数进行调整。

第十九章

营销策划案例：经典的背后

本章主要介绍一些经典的营销策划，尤其是主流的套餐设计背后的知识。

第一节　移动业务套餐

由于移动业务不涉及家庭和集团客户，因此我们只考虑单产品套餐。移动单产品套餐主要面向四个市场，中高端市场、校园市场、低端市场和流动市场。

先看一下中国联通的产品体系，目前针对中高端有沃 4 G 全国套餐，校园有沃派 4 G 校园套餐，低端有 4 G 本地套餐，流动市场则有预付费 3 G 卡。对应地，中国电信有面向中高端的乐享 4 G 套餐，校园市场有飞 Young4 G 套餐，低端有易通卡，流动用户则是云卡。中国移动则有中高端和 4 G 飞享套餐、和 4 G 校园套餐、低端和流动市场有低档次飞享 4 G 和 4 G 随心卡。

1. 中高端市场

中高端市场一般只占移动用户的 10% ～ 20%，ARPU 值很高，是运营商争夺最激烈的细分市场。中高端用户的核心需求是稳定、可靠而不是资费便宜，因此对网络的覆盖、通话质量、上网速度和稳定性提出了更高的要求。一般来说，全球的运营商都对中高端用户推荐自己的主流套餐，如联通的沃 4 G、电信的乐享 4 G 和移动的和 4 G 飞享等。这类套餐的共同特点是采用分档包月框架。相比 3 G 套餐，4 G 套餐明显增加了流量，实际上降低了流量单价，鼓励用户使用 4 G 网络。对于中高端用户，由于行业主管部门要求营销成本压降，曾经风光无限的终端补贴几近绝迹，而转而以话费补贴为主，核心方案是各种合约计划，如 iPhone 合约。国内的三家运营商来说，移动价格最高、电信流量最多、联通门槛最低。

2. 校园市场

校园市场最早是中国移动的天下，尤其在 2002 年推出动感地带，一举奠定"校园江湖一哥"地位。在 2008 年获得 CDMA 网络以后，中国电信在 2010 年开始重点进攻校园市场，并于 2013 年推出了飞 Young 前置优惠版本，成为校园市场最低价标杆。相比而言，中国联通在校园市场办法不多，在北方十省具有一定基础；从 UP 新势力到沃派，不断变化的品牌让人目不暇接但吸引力不足。校园市场的需求一般是低价、大流量，这方面电信的飞 Young 契合度较高。

3. 低端市场和流动市场

低端和流动市场占总用户数的 50% ~ 80%，虽然单个用户价值不高，但规模巨大、总收入可观，是运营商经营移动业务的基础，也是新增用户和新晋中高端用户的主要来源。低端和流动市场的 ARPU 一般在 30 元或更低，主要有"三低"要求：一是低门槛，即套餐月费尽可能低，如 3 元、5 元、10 元；二是低资费，如本地主叫资费便宜，如 0.10 元 / 分钟；三是低限制，即开即用、用完就扔，不逐月返费。

这里我们以低端市场为案例，分析一下这一规模最大市场的营销策划方法。

对于低端和流动市场而言，由于其"三低"特性，移动通信服务更类似我们生活中常见的快消品。快速消费品简称快消品（Fast Moving Consumer Goods，FMCG），一般是有形的产品，如个人及家庭护理品、食品饮料、烟酒等。快速消费品具有三个特点：便利性，消费者可以习惯性地就近购买；视觉化产品，消费者在购买时很容易受到卖场气氛的影响；品牌忠诚度不高，消费者很容易在同类产品中转换不同的品牌。

首先考虑便利性，低端移动通信服务市场对便利性要求较高，主要依赖代理渠道发展，渠道覆盖至关重要。中国移动这样以移动用户为主的运营商，代理渠道发展数甚至高于 60%。视觉化产品具有明显的聚集效应，低端移动通信服务市场的代理商集中促销具有明显效果，因此在厂区、矿区、校园、集宿区等聚集区域更为显著。此外，低端移动通信服务市场忠诚度极低，客户频繁转网、大进大出，基本不存在换号成本。

典型案例如北京联通 5 元卡：月租 5 元 / 月，市话 0.12 元 / 分钟，国内长途 0.18 元 / 分钟，国内漫游主叫 0.6 元 / 分钟，被叫 0.4 元 / 分钟，内含 30 元话费。北京电信 3 元卡：月租 3 元 / 月，市话 0.11 元 / 分钟，国内长途 0.14 元 / 分钟，国内漫游主被叫 0.40 元 / 分钟，内含 20 元话费。综上，低端和流动市场套餐资费的优化建议是：资费要简化，如长途市话合一，甚至取消长途、漫游等费用，直接一口价 0.1 元 / 分钟。门槛要够低，采用经典的 3，5，8 元定价。采用快消品模式，内含 12 个月话费，开机自激活，方便使用。

在移动业务单产品套餐方面，中国移动是最有发言权的，我们回顾一下中国移动的套餐之路（图 19-1）。

图 19-1　中国移动的套餐之路

中国移动的套餐之路是从 1999 年的神州行启蒙的，此前只有月租 50 元，接听拨打双向收费 0.40 元 / 分钟的标准资费方案，与固话类似但接听要收费。

神州行是第一款特殊资费产品，无月租，要求 3 个月最低消费 50 元，接听和拨打都是 0.60 元 / 分钟，现在看来无疑是天价。

2003 年，中高端品牌全球通成功获得商标授权，第一款套餐于 2005 年诞生，分档包月这种主流套餐模式开始成为中国的通信行业标准。月租变为月使用费，月使用费内则包括一定的语音时长甚至短信。全球通 88 套餐和后来的 58 套餐成为经典。

2004 年，动感地带横空出世，这种使用全球通号段却使用神州行预付费模式，且资费比两者都便宜的套餐开始风靡大江南北。一时间，学生们找到了自己的组织，不再受制于神州行的天价资费。

2006 年，为迎接 3 G 牌照，移动 3 G 套餐提前上市，相比此前的全球通套餐，只是增加了流量这个价值填充元素。此时的流量资费仍然非常昂贵，而 TD 终端的短板也拖累了该套餐的热销。

苦熬多年，终于在 2014 年移动在三家运营商中率先上市了 4 G 套餐，一举扭转了 3 G 时代的憋屈局面，相比 3 G 套餐，流量几乎翻倍。后面上市的联通沃 4 G 和电信乐享 4 G 都不约而同地参考了移动的 4 G 飞享套餐，这是因为，中国移动的份额最高，采用跟随策略更为稳健。

第二节　家庭客户套餐

所有人都属于家庭，几乎所有人都属于一个特定的工作或学习组织，因此家庭客户和集团客户是个人用户的一种聚集形式。家庭客户市场由于拥有固定的宽带和固话，聚集了多个移动用户，其重要性不言而喻。

在家庭客户市场，中国电信的份额最高、耕耘历史更为悠久，因此我们通过中国电信的"e 家"系列套餐来了解家庭客户套餐。

2007 年中国电信创立了"我的 e 家"品牌，第一版套餐（图 19-2）包含了小灵通（PHS）、固话和宽带。这种套餐第一次提出了"融合"概念，将宽带、固话和小灵通进行打包优惠。

月使用费	X1元 （1固话+1PHS）			X2元 （1固话+1PHS）			X3元 （1固话+1PHS）			X4元 （1固话+1PHS）	
基础包	➤含2个来电显示、2个彩铃 ➤免PHS（和固话）月租 ➤固话和小灵通本地互打免费（可表述为设置一个本地亲情号码，号码间互打免费） ➤含Y1元市话费（本地区内）			➤含2个来电显示、2个彩铃 ➤免PHS（和固话）月租 ➤固话和小灵通本地互打免费 ➤含Y2元市话费			➤含2个来电显示、2个彩铃 ➤免固话、PHS月租 ➤固话和小灵通本地互打免费 ➤含Y3元市话费			➤含2个来电显示、2个彩铃 ➤免固话、PHS月租 ➤固话和小灵通本地互打免费 ➤含Y4元市话费	
可选包	话音业务包（任选）					增值可选包（任选）					
	固话本地	固话长途	小灵通		亲情号码包		1、助理包：+E1元 灵通秘书、个人通信助理、呼叫转移等 2、聊天包：+E2元 语音短信、语音信箱、三方通话等 3、生活包：+E3元 铃音盒、免打扰、天气预报等 4、超级无绳包：+E4元 享受超级无绳或灵通无绳功能				
	+A元，本地通话同价，均按照市话资费计费	1、加B1，包打T1分钟的国内IP长途 2、加B2，包打T2分钟的国内IP长途	1、加C1元，可增加1部捆绑小灵通，免小灵通月租 2、加C2元，可增加2部捆绑小灵通，免小灵通月租		+D元可再设定一个本地亲情号码（数量最多不超过5个，具体数值各省自行测算），固话（或PHS）拨打亲情号码资费优惠						

图 19-2 "我的 e 家"第一版

2008 年，由于宽带开始逐渐提速，中国电信推出尊享系列（表 19-1），并努力填充了一些基于宽带网络的互联网应用增值业务，希望以此提升"我的 e 家"套餐的价值和档次。

表 19-1 "我的 e 家"尊享版

名称	月基本费	节省	e 家通信	e 家娱乐	e 家理财	e 家信息
尊享e8	158～218 元	100～180 元	1. 宽带：4M 宽带不限时、多终端上网、无线宽带国内漫游不少于 5 小时； 2. 通话：含固话和 e 家电话共享本地和国内长话 400/800 分钟； 3. 固话来显和七彩铃音； 4. 星空杀毒	1. ITV（试商用省）； 2. 星空直播； 3. 星空影视； 4. 爱音乐等	1. 大参考大众版（3900 元 / 年）； 2. 基金通大众版（价值 200 元 / 年）； 3. 财经信息	1. 电子账单； 2. 电子杂志； 3. 社区便民信息等

2008 年中国电信获得 CDMA 网络，移动业务融合终于可以从小灵通替代为手机，借此东风，"我的 e 家"也推出了新的版本，以原 e8 套餐为基础，融入移动业务，共享时长、互打免费且增加 Wi-Fi 元素（图 19-3）。这里面共享时长和互打免费是非常强悍的策略，有力地打击了移动 V 网，而联通类似的功能直到 2011 年才开发上线。

e9月基本费（元）	有线宽带	无线宽带	e家通信 包含通话时长（分钟）				其他业务	增值业务（元）	超出部分（元/分钟）
			拨打本地	拨打长市	国内长市漫	接听			
139	1M不限时	5小时省内Wi-Fi	280			本地免费	1.手机和固话本地互打免费、超级无绳	20	本地0.15
179				500		本地免费		20	长市0.18
239					760	省级免费		30	国内长市漫0.20
299		60小时全国			760	省免费	2.手机上网30M、189邮箱、天翼LIVE	30	
169	2M不限时	5小时省内Wi-Fi	280			本地免费	3.固话和手机的来电显示、彩铃	20	本地0.15
209				500		本地免费		20	长市0.18
269					760	省免费		30	国内长市漫0.20
329		60小时全国			760	省免费		30	国内长市漫0.20

图 19-3 "我的 e 家"移动融合版

2010 年，新的"我的 e 家"套餐逐渐简化档次，统一通话资费，让用户感觉更加简单清爽。调整要点为宽带接入速率统一为 2M、4M，主推 4M；套餐内（129 元档以上）可 1～3 部手机共享话费或时长（表 19-2）。

表 19-2 "我的 e 家"多手机融合版

月基本费	宽带	通话费	通话资费	畅聊	超值赠送
139 元	有线 2M	59 元	本地手机 0.15 元 / 分钟，本地固话标准资费 固话和手机长途、漫游拨打 0.3 元 / 分钟	固话本地畅打 手机国内接听免费	手机上网 60M Wi-Fi30 小时 增值业务 15 元
159 元	有线 2M	89 元			
159 元	有线 4M	59 元			
179 元	有线 4M	89 元			
套餐内包含一部固话、一部手机。其中 159 元及以上可以 1～3 部手机共享通话费，用户缴纳 0～5 元，即可增加一部手机					

2011 年随着 3 G 用户增多，"我的 e 家"推出自主版（图 19-4）系列。当紧密融合让用户感觉不够方便的时候，单个乐享 3 G 套餐可以保持自己的独立性，直接自主加入融合套餐即可轻松享受合约优惠和融合优惠。另外，固话的

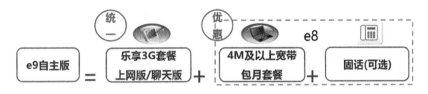

图 19-4 "我的 e 家"自主版

地位大大下降，从必选产品变为可选包。

2012 年，天翼品牌进行了拓展，"我的 e 家"更名为"天翼 e 家"。从那时起到现在，e 家系列套餐也产生了一些变化，首先是套餐内的宽带逐渐提速，目前最高已经达到 200 Mbit/s，主推 50 Mbit/s/100 Mbit/s，试点区域达到 1 Gbit/s，追上或超过发达国家水平。其次，套餐内的手机部分也逐渐从 3 G 升级到 4 G，拥有更多的流量可以家庭共享。

值得一提的是，在 2016 年 10 月，中国电信推出了"乐享·家"套餐，这款套餐内的所有业务都折算为流量计费，非常新颖。

第三节　集团客户套餐

集团客户市场是个相对新兴的市场，在老电信时代，政企客户被电信的大客户经理队伍所垄断，南北拆分后联通占据北方。中国移动由于没有宽带，没法充分满足集团客户的通信需求，因此很长一段时间内处于被动地位。不过，通过合并铁通和自建干线网络、积极拓展商务楼宇的光网覆盖，中国移动开始逐渐增强了在集团客户市场的竞争力，开启了真正的全业务竞争时代。

从集团客户套餐总体而言，中国电信拥有较为成熟的融合套餐体系，强调多终端的融合通信；中国移动的核心是手机套餐 + 集团 V 网，关注客户保有；中国联通沿用沃 3 G 套餐体系，模仿电信套餐体系，全国推广沃商务品牌融合型套餐，具体如表 19-3 所示。

表 19-3　集团客户套餐

对比维度	中国电信 天翼领航套餐	中国移动 动力 100 套餐	中国联通 沃商务套餐
套餐基础	固话 / 手机 / 宽带	手机	固话 /3 G 手机 / 宽带
套餐展现	融合套餐框架	手机套餐 + 动力 100 套餐包	沃 3 G 套餐 + 融合套餐框架
销售渠道	客户经理	合作代理渠道	客户经理

续表

对比维度	中国电信 天翼领航套餐	中国移动 动力 100 套餐	中国联通 沃商务套餐
资费水平	较天翼套餐更低	V 网内更优惠	沿用沃 3 G 套餐资费
增值业务	总机服务＋终端型区隔业务	集团 V 网＋需求型区隔业务	自选 5~30 元
推出时间	2007 年年初	2009 年年初	2011 年年初

天翼领航主要分为通信版、信息版和行业版。通信版包括固话＋手机＋总机服务，信息版包括固话＋手机＋总机服务＋宽带，行业版包括固话＋手机＋总机服务＋行业应用。总机服务是类似 V 网的产品，同时集成了号簿助手、通信秘书等功能。无宽带则是通信版，有宽带则是信息版，有行业应用则是行业版（不论有无宽带，如物流 e 通）。

最新优化方案是，在历史上紧密融合的共享模式下，推出了自主融合的松散捆绑版本作为主推，分别更新为 A6 套餐、A8 套餐和 A9 套餐，对应通信版、信息版和行业版。

沃商务分为基础版和增强版。基础版包括沃 3 G 套餐、固话和手机，增强版包括沃 3 G 套餐、固话、手机和宽带。在强调联通区分 3 G/2 G 的战略前提下，以沃 3 G 套餐作为核心功能。基础版和增强版的区别是有无宽带，这一点可以看出是模仿电信的天翼领航，事实上，亲情 1+ 也是模仿我的 e 家设计的，可谓亦步亦趋。与电信不同的是，沃商务一直采用的是松散融合，也就是电信的自主版模式，主要原因并非是强调 3 G 套餐的核心地位，而是因为系统能力无法做到共享融合计费。

动力 100 套餐目前已经更名为"和·商务"，包括通信动力、办公动力和营销动力三款。通信动力包括手机套餐＋集团 V 网＋移动总机，办公动力包括手机套餐＋集团 V 网＋企业邮箱，营销动力包括手机套餐＋集团 V 网＋企业建站。以手机套餐为核心，但这个套餐必须是后付费套餐，即全球通系列。由于移动没有宽带和固话，因此不按照产品来划分，而按照应用需求划分套餐。

但是，由于并没有与具体的行业进行深度定制，这种伪行业版套餐的竞争力，是不如天翼领航行业版的，因此，动力 100 必须结合 e 物流、家校通这类的应用结合起来销售才能占据集团客户市场。

第二十章

互联网化趋势：
无娱乐不营销

在"80后"刚刚登上职场的时候，很多"70后"觉得新人们叛逆，现在看来我们幼稚了。"90后"已经来了，这些新新人类的思考方式又带来不同，比如"90后"所谓的"大叔"要求是30岁左右，35岁以上就叫做"大爷"了……以"呆萌"为主要特征的"90后"加上他们的弟弟妹妹"00后"给互联网带来了一股清新的泥石流，于是，营销也变得富有娱乐化特征，所谓无娱乐年轻人不营销！

第一节　粉丝经济学

中国互联网的巨大发展有几个里程碑产品，首先是腾讯的OICQ。经常有人诟病腾讯是山寨起家，这话有一定道理，但完全不能解释腾讯的成功。ICQ是一款经典的软件，名字来自英语"I seek you"（我找你）的意思，作者是三个以色列人维斯格、瓦迪和高德芬格，并于1996年问世。

OICQ于1999年2月问世，那个时代最流行的输入法是五笔字型和微软智能ABC，后来的超强输入法紫光（华宇）还在测试中。网易的聊天室给年轻人打开了一扇窗，于是靠着微软智能ABC，一代键盘之神就这样实现了打字速度的飞跃，包括笔者自己。直到同学中间开始流传着一个传说，有个软件叫 QQ，如何好玩，谁的号码靠前，聊天室已经过时了云云。于是，笔者注册了一个 7 位的号，把同班同学都加了好友，由于计算机仍然是奢侈品，手机都未普及，当时并未觉得有什么大用。甚至还有一个特立独行的同学正色告诉我们原版是 ICQ，然后给我们演示了 ICQ 上如何与外国妹子聊天，试图说服我们不做土包子，而要国际化！

梳理下 OICQ 的发展过程，不难看出 QQ 成功的几个关键要素，首先就是本地化，QQ 是中文的，各种 UI 设置都是以中国人的习惯来设计和优化的。中国人的文化特征造成了 IM 软件也要充分考虑语言和文化差异的。其次是功能快速扩充，平台化的思路非常先进。ICQ 甚至都没竞争过 MSN，但在中国，腾讯 QQ 直接光明正大地超越微软的中文 MSN，靠的是 QQ 不断增加的可玩性、可用性，QQ 语音、QQ 视频、QQ 秀、QQ 空间这些特色功能加上 QQ 系游戏等业务构成了一个完整的应用帝国。最后就是用户黏性。QQ 用户在不自觉间，就成了腾讯的公民，也成为 QQ 产品的粉丝，哪怕不付出一分钱增值服务费用，他们的活跃本身就对腾讯的发展做出了有价值的贡献。

后来有了微博。同样，我们可以说微博就是推特的山寨货。当然微博不是凭空出世，其前辈"博客"是自媒体的鼻祖，脱胎于论坛，而论坛的历史就可以追溯到互联网早期的 BBS 站讨论组。微博的产生原因，主要动因其实是移动互联网的兴起，其基础是智能手机和 3 G 高速移动通信网技术的广泛应用。没有 3 G，只能刷文字而不能看图片；没有智能机，应用不能安装和方便地升级；没有移动互联网的轻模式文化，大家不能接受这种三言两语的吐槽玩法。经过激烈的争夺，除了新浪微博之外的其他微博体面地结束了运营，新浪微博甚至成功上市，确立了自己的地位。微博的成功也是基于粉丝经济，尤其是关注和点赞，呼风唤雨的大 V 颇有些君临天下的快意，而平时无法接触偶像的粉丝们终于有了表达情绪的场所，一个赞、一组保持队形的评论都形成了独特的粉丝文化圈。在互联网上，任何有人气的地方，有关注度的地方，有眼球的地方，就一定有钱赚，这是互联网 1.0 时代就验证了的铁则。

横空出世的微信其实是个必然，因为微博让意见领袖们无所遁形。如果不聘请专业的团队来管理微博账号，原来高高在上、被公关团队精心设计的形象很容易因为一时冲动而现了原形。微信营造了更为私密的关系群体，这一点是非常符合国人口味的。当然，微信能迅速发展，靠的也是人和人之间的联系来逐渐扩展。但是，微博靠明星聚集粉丝，而微信是每个人都成为发布者和倾听者，关系更为平等和私密。

粉丝经济的极致就是形成生态，这里面做得最好的两个公司，国外是苹果，国内是小米。

我们想不想要这样？

①消费者给我们钱。

②消费者给我们钱，感到很幸福。

③消费者给我们钱，感到很幸福，还四处帮我们说好话、传颂我们的广告。

④消费者给我们钱，感到很幸福，还四处帮我们说好话、传颂我们的广告，从此记在心里，成为我们的粉丝。

⑤消费者给我们钱，感到很幸福，还四处帮我们说好话、传颂我们的广告，从此记在心里，成为我们的粉丝，进入到我们的企业，投身于创造这种产品。

⑥从此生生不起，我们的品牌和产品已经成了某一种生态……

2016 年 7 月 20 日，《财富》发布了最新的世界 500 强排行榜，苹果公司名列第九名。苹果的每一款 iPhone 都能大卖，靠的就是基于苹果全产业链的遍布全世界的分析以及苹果企业文化。

有一个很好的粉丝营销例子，但不太成功，那就是罗永浩与锤子手机。

根据公开资料，罗永浩高中二年级时退学，早年做过生意，后加入著名英语培训机构新东方。由于教学风格幽默诙谐并且具有高度理想主义气质的感染力，所以极受学生欢迎。很多学生盗录其讲课内容在大学的校内网站上传播分享，这些音质奇差的盗录内容在 2003 年左右流传到了互联网上，旋即以"老罗语录"的名义风靡大江南北，成为一个奇特的文化现象。老罗靠自己特立独行的态度尤其是"彪悍的人生不需要解释"的人生哲学成功圈粉，获取了大批粉丝，为后面锤子手机的销售奠定了基础。离开新东方后，经历了牛博网的创办和关闭、英语培训学校的创办和关张，最终罗永浩认为自己找到了该干的事情，那就是创立锤子科技，开始杀进手机市场。他的底气就是海量的粉丝。

在锤子科技成立两年后，第一款手机 T1 终于出货，但是由于产品力不足，与主流手机厂商格格不入的执拗设计导致良品率低，锤子 T1 的品质受到粉丝们的广泛质疑，虽然媒体积极宣传但销量仍然不佳。后来锤子科技又推出了低价的坚果手机，终于获得了不错的销量，获取了大批年轻用户。目前第二款主力手机 T2 已经上市，销量仍然没有达到预期。第三款手机 T3 遥遥无期。

客观地说，如果锤子手机作为一款手机能达到主流手机厂商的水平，冲着老罗个人的魅力和情怀也可以大卖。但是，高昂的定价和作为手机的低可靠性，使得粉丝无法获得基本的满足，在卡诺模型中只能达到门票业务层次，自然不可能像苹果和小米那样成功。锤子手机的例子证明，粉丝经济也要结合产品力，才能无往而不利。

第二节　互联网思维

玩转互联网不是一件容易的事情，互联网从业者总是很鄙视运营商僵化的体制尤其是思维的桎梏。当然互联网业的核心是"互联网思维"，是在（移动）互联网、大数据、云计算等科技不断发展的背景下，对市场、用户、产品、企业价值链乃至整个商业生态进行重新审视的思考方式。

关于互联网思维，马云说"互联网不仅仅是一种技术，不仅仅是一种产业，更是一种思想，是一种价值观。互联网将是创造明天的外在动力。创造明天最重要的是改变思想，通过改变思想创造明天"。而雷军说"互联网其实不是技术，互联网其实是一种观念，互联网是一种方法论，我把它总结成七个字，'专注、极致、口碑、快'"。

有这样一家餐馆。一个毫无餐饮行业经验的人开了一家餐馆，仅两个月时间，就实现了所在商场餐厅评效第一名；VC 投资 6 000 万元，估值 4 亿元人民币。这家餐厅只有 12 道菜，花了 500 万元买断中国香港食神戴龙牛腩配方；每双筷子都是定制、全新的，吃完饭还可以带回家；老板每天花大量时间盯着针对菜品和服务不满的声音；开业前用掉 1 000 万元搞了半年封测，期间邀请各路明星、达人、微博大号们免费试吃……

定位轻奢餐厅，包装食神秘方，神秘封测邀请，设立 CTO（首席体验官），营销靠讲故事，无一物无来历，无一处无典故。特色的食神咖喱牛腩黯然销魂饭、高档茶水免费无限续杯、高档米无限量免费续添、鸡翅木筷子可以带回家、世界上最昂贵的刀、专利碗、铁扇公主专利锅等，体现了差异化，更体现了互联网思维，这就是"雕爷牛腩"。

互联网思维包含了七字诀，体现为如下六大法则。

法则 1：得屌丝者得天下

谁是屌丝？他们没钱、没背景、没未来。爱 DOTA，爱搬砖，爱 D8。在高富帅面前只有跪的命，鼓足勇气跟女神搭讪，只能换来一句"呵呵"，这就是屌丝。

屌丝本来是形容那些社会地位较低、生活质量较差、对女性没有吸引力的男青年，其特征是矮、穷、丑、搓、撸、呆、胖。但是，当前已经是一个人人自称"屌丝"而骨子里认为自己是"高富帅"和"白富美"的时代，很多并不属于低收入人群的人都乐于自称为"屌丝"，带着明显的自嘲和自贱，"屌丝"的划分是按照心理认同度出发的。易观国际和巨人网络《中国互联网"屌丝"用户游戏行为调研报告》指出中国屌丝人数估计达 5.26 亿人，居然占到总人口的 39%！周总理在评价文艺工作的时候说过"人民喜闻乐见，你不喜欢，你算老几？"——所谓广大人民群众，不就是今天的"屌丝"吗？

法则 1 提示我们：要充分重视屌丝，他们通过互联网聚合起来的消费能力非常惊人，要了解屌丝心态，在归属感、存在感和参与感上下功夫，要意识到互联网长尾经济的厉害，屌丝的能量不容小觑。

所谓屌丝经济学，就是为通过提供免费或者低价的服务，借以培育大批的忠实用户和完整的生态体系，在依靠庞大的用户群体和流量资源实现盈利的模式。屌丝经济学的实践者们包括：腾讯的微信，因为庞大的用户群体，以及低廉的通信成本，对中国的电信服务商造成的压力有目共睹；盛大的免费网游，几乎横扫了除魔兽世界之外的所有收费网游，并将国内的游戏市场带入了免费模式，可以说彻底颠覆了网络游戏的生态体系。

法则 2：参与感很重要

小米的粉丝经济核心在于兜售参与感。通过微博、论坛等渠道聚集粉丝，活动不断、内容丰富，把粉丝留住。小米先前通过 MIUI 积聚起数量庞大的手机发烧友，他们对于理想手机的标准也就成为小米手机"为发烧而生"。MIUI 每周更新四五十个，甚至上百个功能，其中有三分之一来源于"米粉"。在小米手机论坛上，每周都可以看到两三千篇用户反馈的帖子，其中不乏一些深度体验报告。小米在全国设立了 32 家"小米之家"，成为新媒体营销很好的线下延伸。小米成立了由 400 名自有员工组成的呼叫中心，专门负责在小米社区、微博以及对于"米粉"来电的进行互动和反馈，并以此和"米粉"建立直接联系，加深"米粉"对于小米的体验。

另一个经典的参与感案例是"微信红包偷袭移动支付珍珠港"。

"一个微信红包就超过支付宝 8 年干的事"。这是在微信红包推出数日后，业内人士对腾讯此举的评价。而马云也将此形容为如同"珍珠港偷袭"。

2014 年 1 月 26 日，腾讯财付通在微信推出公众账号"新年红包"，用户关注该账号后，可以在微信中向好友发送或领取红包。微信红包一经推出，就以病毒式的传播方式活跃在各个微信群中，并在除夕当夜全面爆发。据财付通官方数据显示：除夕当天到初八，超过 800 万用户参与了红包活动，超过 4 000 万个红包被领取，平均每人抢了 4~5 个红包。红包活动最高峰是除夕夜，最高峰期间的 1 分钟有 2.5 万个红包被领取，平均每个红包在 10 元内。随着微信红包的火热，在春节期间便有消息称，"微信绑卡用户破亿、一个红包就超过支付宝 8 年干的事"。

其实，支付宝早在 2014 年 1 月 23 日小年夜就推出了"发红包"和"讨彩头"功能，但却没能引发外界广泛关注，完全被微信红包的光芒所掩盖。究其原因，还是在于微信是基于强社交关系，更利于人群间的互动和扩散。对此，微信红包负责人、腾讯财付通产品总监吴毅表示，微信红包是财付通的一个小团队开发了 10 多天加班赶出来的一款春节应景作品，初衷是增加一些新年气氛，团队没想到会受到这么多关注。

借助庞大基数的用户平台，仅仅靠一个能激发参与感的小应用，就能瞬间突破支付宝强大的封锁线，短短几天激活几千万微信支付用户，这真是中国互联网发展史上的经典破袭战。

法则 3：用户体验至上

好的用户体验应该从细节开始，并贯穿于每一个细节，能够让用户有所感知，并且这种感知要超出用户预期，给用户带来惊喜，贯穿品牌与消费者沟通的整个链条。我们看两个例子。

微信 5.0 对公众账号做了一次筛选，将现有的微信公众账号分成两类：订阅号和服务号。订阅号被合并收纳在一个菜单内，虽然还可以一天发一条消息，但是用户不会收到提示。事实上，每折叠一次，就少一个数量级的用户。比如说，在第一级菜单会有 10 个用户去看，藏到第二级就剩 1 个用户。"亲，帮忙点个赞吧，这样我就可以拿奖品了"——以后我们很难在朋友圈中看到"集赞"了，因为微信已经向这种行为开炮，"任何时候，朋友圈都是私密的，用于好友间分享生活点滴的圈子。不能在这里过度营销，是微信坚守的基本原则和底线"。这就是微信在商业化和用户体验冲突时的抉择，充分照顾了用户的体验。

"三只松鼠"2012 年 6 月在天猫上线，65 天后成为中国网络坚果销售第一；2012 年"双十一"创造了日销售 766 万元的奇迹，名列中国电商食品类第一名；2014 年 2 月销售额 8 000 万元，并再次获得 IDG 公司 600 万美元投资。"三只松鼠"的产品被加工得易剥，并用双层包装，突出松鼠形象，而且还会在包裹中提供三只松鼠带有品牌卡通形象的包裹、开箱器、快递大哥寄语、坚果包装袋、封口夹、垃圾袋、传递品牌理念的微杂志、卡通钥匙链，吃坚果的工具基本上都能在包裹里找到。这就是"把服务的意识融入产品当中"。

法则 4：少就是多

大道至简，越简单的东西越容易传播，越难做。给消费者一个选择的理由，一个就足够。专注才是极致。

在 1997 年苹果接近破产，乔布斯回归，砍掉了 70% 产品线，重点开发 4 款产品，使得苹果扭亏为盈，起死回生。Rose Only 是花店里的奢侈品卖家，皇家矜贵玫瑰斗胆定制"一生只送一人"；不约而同，钻戒厂商 DarryRing 的主打卖点是男士凭身份证一生只能定制一枚，赠送一人。

法则 5：简约即是美

简约意味着人性化，是人性最基本的东西。人性都是懒的，如果能让用户少一步，用户就更愿意接受其产品。

微信的摇一摇功能显得非常炫酷，对此，张小龙说："自然往往和人的本性相关。微信的摇一摇是个以自然为目标的设计。抓握，摇晃，是人在远古时代没有工具时必备的本能。"

脸萌迄今长期占据 AppStore 榜首。"萌"和"二"是当今中国社会的第一治愈系良药。简单又不失乐趣，满足了用户的参与感，又不复杂。做过同样功能的 QQ 和飞信都没能达到这样的高度。

法则 6：服务极致即营销

极致就是超越预期，那么极致的服务，自然也是超越用户的预期而进入并了解用户的内心世界，彼此可以感同身受。

阿芙精油是知名的淘宝品牌，有如下两个小细节可以看出其对服务体验的极致追求：

（1）客服 24 小时轮流上班，使用 Thinkpad 小红帽笔记本式计算机工作，因为使用这种计算机切换窗口更加便捷，可以让消费者少等几秒。

（2）设有"CSO"，即首席惊喜官，每天在用户留言中寻找潜在的推销员或专家，找到之后会给对方寄出包裹，为这个可能的"意见领袖"制造惊喜。

杜蕾斯和飘柔设置有非常有趣的陪聊式营销。

杜蕾斯微信团队专门成立了 8 人陪聊组，与用户进行真实对话（图 20-1）。延续了杜蕾斯微博上的风格，杜蕾斯在微信中依然以一种有趣的方式与用户"谈性说爱"。据杜蕾斯代理公司时趣互动透露，目前除了陪聊团队，还做了200 多条信息回复，并开始进行用户的语义分析的研究。

传说中的小飘能唱能聊天，添加"飘柔 Rejoice"为好友后，就可根据选择进入聊天模式。真人版对话式微信，能聊天又能唱歌的小飘（图 20-2）。

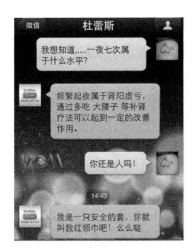

图 20-1　杜蕾斯微信陪聊团队

图 20-2　飘柔微信会唱歌

第三节 炒作营销

"未来30年谁把握了注意力，谁将掌握未来的财富"——阿玛蒂亚森经济学奖得主陈云如此说。在信息爆炸的今天，谁能引发人们对一话题的持久关注，谁便是赢家。除精心策划的炒作外，更多的互联网事件实为无心插柳，宣传团队需要敏感捕捉话题风向，顺势借力，将话题影响力推向最大化。"帮汪峰上头条"成为保持话题持久度的成功范例（图20-3）。

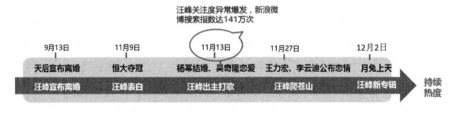

图 20-3 "帮汪峰上头条"

炒作的定义：为扩大人或事物的影响，通过媒体反复做夸大的宣传。在最短的时间内，以最佳的创意和最低的成本，而最终实现的最大化的传播效应。炒作的对象是媒体，所以通俗讲，炒作就是制造一些新闻诱饵吸引媒体主动报道。而炒作是把双刃剑，运用好了能起到很好的宣传和美名，运用不好会让目标客户产生反感，对品牌造成一定损害。互联网炒作的技巧是，在网络类型和论坛选择中，仔细分析目标产品的消费群体和消费群体的文化水平、地域、年龄、爱好等特点，找出消费群体所经常光临的门户、社区网站，进行科学的组合，分人气、流量，分主次和批次的在推广中选择网络渠道组合，达到最佳推广效果。

为什么要使用炒作这个方法来营销呢？因为炒作的好处实在是太多了：传播速度快，范围广，在最短的时间内，以最佳的创意吸引眼球，实现最大化的传播效应；互动性强，参与性高，大众参与的成本低，转发、点赞，寥寥数语之间便参与其中；成本少，效果显著，广告费用极低，同时网络的强大潜力可以带来惊人的宣传效果；口碑宣传速度快、导向性强，网络传播速度快，更有网络推手夹杂在网民之中，轻易引领话题导向。

关于炒作，我们要知道如下几个要点：

■ 目的：设定目标是第一步的，营销人或策划人员应该第一时间明确，为什么要炒作，通过该次炒作要实现的目标，和要达到的效果。

■ 热点：执行炒作的人员应该具备市场敏感度，了解在哪些事情发生后会引来公众关注，能够预测出事件的未来被放大的可能性。

■ 关联：炒作需要有的放矢。一个好的事件应该有果有因，适当地把炒作的元素揉进事件中引起公众的关注是整合营销的高招。需注意关联度不能过于勉强。

■ 引导：发现热点事件后，需要把公众的关注引导至所希望实现的炒作目标上。这是整个炒作过程中的难点：世界上最难的事情就是让你的想法钻进别人的脑袋。

■ 互动：炒作的高潮在于互动，这是炒的最核心所在。炒作所表达的某一个观点，不能被公众一致接受，所以需要不同的甚至完全相反的观点来对立。观点越对立，用词越尖锐，引起公众的参与兴致就越高昂，最终实现的炒作目也越完美。

■ 心态：炒作要适可而止，绝对不能拖拉冗长。好的炒作既能实现炒作的目的，又能给观众无限的想象空间，暗度陈仓才是最高境界。所以，炒作也要求有一颗平和的心态。

关于炒作的手法：

■ 悬念炒作法：悬念炒作是要提炼一两个所谓核心、神秘的卖点；根据进度，慢慢抖包袱，所有的资讯不要一次放完，说一半留一半。四大上市网站之一的中华网曾放言要收购新浪、网易、搜狐三大网站，但最后不了了之。既获得了舆论的宣传，又树立了财大气粗的老大地位，一箭双雕。

■ 落差炒作法：借用一些很熟悉的、在常人头脑中产生了相对的思维定势的东西，然后将这种定势打破，给人带来有如在太空的失重感。这种炒作方法要平中见奇，善于提炼普通的素材，让媒体、大众或分众耳目一新。

■ 第一炒作法：人们的记忆中只能记住第一，比如人们知道世界第一高峰是珠穆朗玛峰，世界第二高峰是什么就不知道了。"第一"容易引起人的兴趣，容易吸引公众眼球，容易被记住，还会使对手难以逾越，品牌形象脱颖而出。

■ 争议炒作法：需要产品具备革命性，这是运作的前提条件。针对企业产品、质量、企业行为等，策划容易引起争议的事件或观点，引发社会讨论，吸引公众注目。例如北极绒鸭鹅羽绒服大战，涂料 VOC 之争等。

■ 借势炒作法：所谓借势，是指企业及时地抓住广受关注的社会新闻、炒作以及人物的明星效应等，结合企业或产品在传播上欲达到之目的而展开的一系列相关活动。借势炒作就是借人们关注的焦点，顺势搭车，让更多的人认识、关注自己，以此提高自身产品 / 品牌的知名度。

■ 深挖炒作法：将自己的失败 / 成功以探讨的形式向外推荐。吸引媒体的讨论与关注。让人们记住这一现象，达到炒作目的。还可以借流行观点提出异论，如非典商机有泡沫，如刘翔代言烟草有悖健康精神等。此等营销属捕风捉影，无中生有。

■ 新闻炒作法：企业利用社会上有价值、影响面广的新闻，不失时机地将其与自己的品牌联系在一起，来达到借力发力的传播效果。企业也可通过策划、组织和制造具有新闻价值的炒作，吸引媒体、社会团体和消费者的兴趣与关注。

成功炒作案例：王老吉。

事件核心：王老吉捐助汶川地震 1 亿元。

事件推手：中国最大的网络论坛天涯社区出现《让王老吉从中国的货架上消失！封杀它！》的帖子，3 个小时内百度贴吧关于王老吉的发帖超过 14 万个。

成功要点：抓住灾难时期大众英雄主义心理，舆论倾斜的时机，准确快速地利用网络传播，以极低的成本成功塑造了英雄般的企业正面形象。

炒作关键：热点塑造必须要形成网络热点旋涡。一千万的发布不如一千万的点击，一千万的点击不如一千万网民参与讨论。

炒作失败案例：联想红本女。

2008 年年初，联想针对年轻女性推出了一款时尚轻薄本——联想 IDEAPAD U110。联想希望能热炒本产品，准确传达产品特性——红色时尚外观，超薄机身，让消费者了解该笔记本式计算机的产品定位——年轻时尚白领必备，提高该款产品的销量。

联想炮制的"偷拍红本女"事件：网络上一男子自称手持相机展开了 7 天 7 夜不吃不喝的追踪美女行动，偷拍的主角是一位开蓝色 MiniCooper 跑车，手持红色笔记本式计算机的 Office 女郎。以八卦爆料的形式，植入产品。通过关注红本女，提高产品知名度，并和时尚联系起来。第一步，搜狐数码公社论坛发布"偷拍"帖；第二步，搜狐数码频道制作"红本女"专题；第三步，由网络推手推动点击、跟帖，并引起社会争议。

但是，经过前期的热炒，很多网友发现被骗，因为偷拍完全不可能拍出角度这么好的照片，而且很好地衬托了联想笔记本式计算机的外观，明显是摆拍，于是舆论反转，网友纷纷抨击联想的拙劣骗术。

其实，就偷拍事件本身而言，作为炒作手段未尝不可取，但如果操作不当，可能会导致品牌的负面影响。在实际执行中，并不是在密谋一场偷拍过程，而是模特摆好 POSE，显出正脸照，炒作迹象过于明显。当"偷拍"被识破只是一场骗人的炒作之后，它所希望传达的一切信息均被忽略。

第四节　跨界营销

依据不同产业、不同产品、不同偏好的消费者之间所拥有的共性和联系，把一些原本没有任何联系的要素融合、延伸，彰显出一种与众不同的生活态度、审美情趣或者价值观念，以赢取目标消费者好感，从而实现跨界联合企业的市场最大化和利润最大化的新型营销模式，称为跨界营销。

跨界营销的方式有很多种：产品跨界、渠道跨界、文化跨界、营销跨界、交叉跨界等。近年来，跨界概念在营销界极为流行：彩电和厨卫、手机与饮料、啤酒与服装、房地产与奢侈品……这些看似风马牛不相及的产品通过跨界实现双赢，得到强强联合的品牌协同效应。

跨界营销的原则如下：

■ 资源相匹配的原则：两个合作品牌在各能力上，具有的共性和对等性。

■ 消费群体一致性的原则：双方企业或者品牌必须具备一致或者重复消费群体。

■ 品牌非竞争性原则：目的是达到双赢，而不是此消彼长的竞争关系。

■ 非产品功能性互补原则：在产品属性上两者要具备相对独立性。

■ 用户体验性原则：围绕目标消费群体的知觉、行为、情感等来开展体验。

■ 1+1>2原则：形成整体的品牌印象，产生更具强力的品牌联想。

当汽车遇见时装：宝马与宝姿合作，推出了 BMW Lifestyle 服装品牌，体现了潇洒、优雅、时尚、休闲的着装风格，恰好与奔驰的商务风相区别。

2012 年 9 月乐视第一次开发布会说要做电视的时候，媒体都说它在忽悠；2013 年 5 月乐视电视终于推出的时候，媒体又说它是在推动股价。乐视称自己的跨界行为是"颠覆"，这是软硬件和模式上的颠覆。60 英寸液晶电视仅售 6999 元的价格震撼了业界，同时还带来了全新的内容收费模式。也因为如此，乐视的 60 英寸和 50 寸机型都创造了上市当月在同尺寸机型中销量第一的成绩。

第五节　事件营销

事件营销（Event Marketing）是企业通过策划、组织和利用具有名人效应、新闻价值以及社会影响的人物或事件，引起媒体、社会团体和消费者的兴趣与关注，以求提高企业或产品的知名度、美誉度，树立良好品牌象，并最终促成产品或服务的销售目的的手段和方式。简单地说，事件营销就是通过把握新闻的规律，制造具有新闻价值的事件，并通过具体的操作，让这一新闻事件得以传播，从而达到广告的效果。

一个好的"事件"，要满足以下特点：一是真实的，不损害公众利益，可以制造或放大；二是具有新闻价值，才好传播；三是受众高度关注，必须有趣或重要；四是以小博大能获取倍增效应，便于低成本运作。

事件营销本质是让你策划的事件成为新闻。要寻找事件和品牌的关联性，做别人没有做过的，提高公众参与度。

事件营销的主要技巧包括借势、造势、话题、明星、赛事、正反等。借势是说要依靠大背景制造事件，例如在中日钓鱼岛争端时，强调国货身份，比日本货更好的宣传。造势意味着要营造一种气氛，让自己策划的事件成为热门话题。话题是指涉及民众热议的话题，例如反腐、奥运等。明星是依托明星的号召力来制造事件。赛事是靠热点赛事如世界杯、奥运会等。正反是指宣传事件的正反面，通过双方热烈讨论来炒热。

有一种事件营销称为"浪漫爱情故事"。

一对青年男女从福冈和东京奔向同一地点相会。

"爱的距离"活动网站全程实况转播和倒计时，网友按性别加入：围观、互动、投票，为主角打气。

各大媒体、电视台节安排采访，跟随并评述这段"距离与爱"的故事，"爱，没有距离"。

两人距离为 0，紧抱在一起时，达到故事高潮，感动了几百万名观众。

"可是，爱仍然需要距离"，两人又分开了一段距离，定格在 0.02 mm，广告出现（原来是个安全套广告）。

随后，整个事件被拍成视频短片，在电视上播出。

传播效果："爱的距离"网站每天有超过 100 万用户在围观、互动、投票，为主角打气；谜底揭晓时，49% 的人感觉"受骗"。

在 2008 年 12 月，Sagami Original 0.02 的月销量同比增长 24%，并荣获 2009 年戛纳国际广告节影视类和公关类金奖。